广州美术学院 2020 年一流课程"软装设计"
基金项目（项目编号：6040320128）研究成果
广州美术学院 2023 年本科人才培养基金项目
一般教材"空间软装设计"（项目编号：6040323047）

室内软装设计

余月强　霍　康　著

U0295880

合肥工业大学出版社

图书在版编目(CIP)数据

室内软装设计/余月强,霍康著. --合肥:合肥工业大学出版社,2024
ISBN 978 - 7 - 5650 - 6763 - 1

Ⅰ.①室… Ⅱ.①余… ②霍… Ⅲ.①室内装饰设计
Ⅳ.①TU238.2

中国国家版本馆 CIP 数据核字(2024)第 082060 号

室内软装设计

余月强 霍 康 著		责任编辑 袁 媛	
出 版	合肥工业大学出版社	版 次	2024 年 12 月第 1 版
地 址	合肥市屯溪路 193 号	印 次	2024 年 12 月第 1 次印刷
邮 编	230009	开 本	710 毫米×1010 毫米 1/16
电 话	基础与职业教育出版中心:0551 - 62903120	印 张	7.75
	营销与储运管理中心:0551 - 62903198	字 数	138 千字
网 址	press. hfut. edu. cn	印 刷	安徽联众印刷有限公司
E-mail	hfutpress@163. com	发 行	全国新华书店

ISBN 978 - 7 - 5650 - 6763 - 1　　　　　　　　定价: 46.00 元

如果有影响阅读的印装质量问题,请联系出版社营销与储运管理中心调换。

序

随着人们生活水平的提高，越来越多的人开始关注居住环境的品质和舒适度，室内软装设计的重要性也日益凸显。室内软装设计是室内设计领域的重要分支，它不仅属于艺术和设计的范畴，还与建筑、环境、心理学、人体工程学等多个学科密切相关，是一门涵盖范围很广的综合性学科。室内软装设计在当代社会中呈现出多元化的文化特征，不同的文化背景、审美观念和价值取向在其中都得到充分的体现。软装设计还具有丰富的精神内涵，它不仅是物质层面的装饰，更是一种精神层面的表达。通过软装设计传达情感、信仰、价值观等精神内涵，设计师在其中起着至关重要的作用。一名优秀的软装设计师必须具备敏锐的观察力、创新思维、沟通交流能力、实践经验和知识，并且要持续学习和探索的精神。在设计教学中，不仅要注重专业知识、创新思维、协作能力的培养，还要强调积累实践经验、持续学习与自我提升。

所有的设计都包含"构思"和"执行"两个环节。室内软装设计在构思和执行阶段都需要考虑许多因素，包括客户需求、设计理念、元素选择、采购和定制、安装和布置、调整和完善等。这个过程需要设计师拥有丰富的知识和娴熟的技能，以及对材料的了解和对细节的关注。同时，设计师还需要与客户保持良好的沟通，以确保最终的设计效果能够满足客户的需求。

只有通过多方面的引导和系统训练，才能为软装设计领域输送更多优秀的设计师，本书正是为了满足这一需求而编写的。本书同时也是广州美术学院2020年一流课程"软装设计"、2023年本科人才培养基金项目一般教材"空间软装设计"两个项目的研究成果。作者从教学与实践出发，为我们提供了室内软装设计的系统知识和理论框架。本书首先对室内软装设计的概念和内涵进行深入探讨，进而从学术的高度对室内软装设计进行深入的分析和总结，系统阐述了室内软装设计的历史演变、发展趋势、设计理念、美学原则及与相关学科的关系，并从多个角度阐述了室内软装设计的原则和方法。本书还提出了针对不同空间和场景的设计思路与方法，特别强调了各类软装陈设品的个性化定制原则与方法，既突出了软装设计学习的重点内容，又为读者更好地理解室内软装设计的本质和内涵及其实际应用提供理论支持。

本书全面系统地阐述了室内软装设计的理论和实践，是室内设计师、软装设计师及相关专业学生的重要参考书。作者余月强老师从事软装设计教学多年，在设计实践中积累了丰富的经验。他以系统化的方式，从理论到实践、从设计原则到具体案例，对室内软装设计进行了深入地探讨和研究。本书既有理论知识的阐述，又有实际案例的分析，通过深入浅出的方式，将复杂的软装设计理论和实践经验呈现给读者，使读者能够轻松理解和掌握软装设计的精髓。书中大量的教学案例分析和实践指导，不仅有助于学生更好地理解和掌握设计的方法与流程，也能够帮助读者全面了解室内软装设计的基本原理和方法。

广州美术学院教授、博士生导师

2023 年 11 月 12 日于广州

前　言

　　国内软装设计的兴起最早可以追溯到 20 世纪 80 年代末。当时，国内星级酒店大量出现"仿欧式""港风"硬装饰，设计师利用具有可移动性与可更换性的装饰艺术物品对室内空间进行二次设计与布置，根据艺术风格选择合适的室内装饰品家具、灯饰进行搭配，营造有别于一般空间的个性化视觉氛围，最终达到对空间环境的审美追求。

　　"软装设计"作为设计领域中一个较新的门类和专业方向，从学科名称上来看，不难理解其是建筑空间、结构、视觉的延展，是室内设计艺术发展的一个必然分支；同时，也是建筑与室内设计艺术表现的延续。但室内设计与室内软装设计的具体工作范畴是有区别的，真正的整体软装艺术设计的内核是指设计师通过对用户、空间、环境等因素进行深入分析，得出适合具体项目的功能需求、审美需求、造价标准等，并利用整体设计方案来引导软装产品营销理念的实现。

　　在新时代，由于民族的强大和文化的自信，中式经典、传统图腾、经典纹饰、民俗印迹等视觉符号越来越受到各设计领域的追捧。当下的空间设计同样如此，在新的空间尺度、新的需求体验、新的价值导向及更新更广的材料技术呈现的条件下，传统题材和经典图式经过删减、混合、变形、置换、统一等手法调整后，与当下的新环境相协调。近年来，国内许多室内软装设计师在进行软装艺术设计时，极力尝试各种新空间艺术形式，如对传统文化元素进行创新设计和运用，以摆脱传统装饰风格框架的局限，以及软装物料趋于表面视觉上的堆砌等问题。无论是商业空间还是住宅空间设计，行业内大多数设计作品及研究论文，对空间软装设计的理解还是停留在表面上、视觉上的设计和各种软装物料间的搭配，仅仅把重点放在视觉艺术氛围的营造，以及对富有各种文化称号、民族元素、装饰图纹等软装构成物件的生搬硬套上，很难从本质上解决创新问题。《说苑·反质》中写道："居必常安，然后求乐。"其指的是人们在基本的物质需求得到满足的情况下提出的对于审美的需求。在这样的背景下，理解空间装饰设计问题不能仅局限于其造型、色彩、明暗等视觉表现，也需要考虑其背后的在地性因素，如民族、文化、习俗、观念等因素及气候、地理等自然条件。正如李宗桂在《时代精神与文化强省：广东文化建设探讨》中指出，只有通过内容与形式的创新，才能使传统岭南文化在当今社会焕发新的活力。

  本书是笔者基于广州美术学院工业设计学院染织艺术设计系"室内软装设计"课程近年的教学成果与社会实践撰写而成的。本书从室内空间形态与软装配饰设计入手，并基于国内民族文化、社会形态、生活需求、流行趋势等因素，对室内软装艺术设计的方法、设计流程等知识点进行详细讲解。其中，第一章对软装设计的基本理论进行梳理与归纳；第二章作为本书软装设计研究的拓展部分，从多方学术领域对软装设计基础知识进行探讨；第三章从具体案例实操的路径对项目分析与评估、资料整理与提炼、概念设计与表达、合同拟定与签署进行详细剖析；第四章针对具体设计内容的特点对方案表达进行分析，并展示多样化示例；第五章是笔者从事软装设计教育创作的作品、商业项目设计方案以及优秀同行设计师（企业）项目的设计案例赏析。

  由于作者理论水平有限，书中疏漏在所难免，敬请国内外学者不吝指正。本书引用了国内外大量的理论文献和案例资料，由于篇幅限制，只能标注主要资料。在此，向所有文献作者致以深切的感谢。

余月珍

2024 年 2 月

目　录

第一章 软装设计基础理论

一、室内软装设计概念

室内设计兴起于现代欧洲，曾被称为装饰派艺术，也被称为"现代艺术"，兴盛于 20 世纪 20 年代。随着历史的发展和社会的不断演进，在科技与艺术、科技与生活、审美与需求不断变化和相互促进的时代大背景下，民众的深层次审美意识得以觉醒，人们对高品质空间环境的设计需求也日益增强。这里提到的空间环境可以从两个方面进行分析：其一是"硬"装环境，指的是室内环境中空间、功能、结构等的关系，由室内原有的尺度大小、建筑框架、用户使用情况等因素决定；其二是"软"装环境，指的是在"硬"环境下室内五感的延伸及功能补充，更趋向于体现使用者的生活方式、个性审美，具体是指空间环境中各类家具、家电、布艺等物品的选择与搭配效果。

广义的软装艺术设计是指各类装饰物料通过特定的主题风格搭配呈现出的室内空间设计现象；狭义的软装艺术设计是指除了室内装饰中固定的、不能移动的物件，如吊顶、射灯、洁具、墙体造型、门窗、地板、隔断等物品外，容易更换的部件，如家具、灯饰、装饰画、纺织品、装饰品等，都是整体软装艺术设计所涵盖的范围。用通俗的话来描述它就是，如果把一个室内空间倒转 180°，掉落下来的各类物品就属于软装艺术设计所包含的构成元素。总结来说，整体软装设计是对室内环境的二次陈设与装饰，能够弥补与完善原有室内环境在硬装设计后的不足和缺陷，使空间环境更好、更准确地满足具体用户的生活需求与艺术品位（图 1-1、图 1-2）。

图 1-1　茂华唐山软装设计

图片来源：广州观致装饰设计有限公司

毛坯房 Ovary

图 1-2　毛坯房

图片来源：百度图片

（一）室内软装设计的定义

室内软装设计是建筑空间、结构、视觉的延伸，是室内设计艺术发展的一个必然分支。建筑设计、室内设计、软装设计三者关系好比树干（建筑设计）、树枝（室内设计）、树叶（软装设计），存在着一种相辅相成的关系（图1-3）。软装设计是建筑设计与室内设计在艺术表现上的延续。室内设计与室内软装设计在具体工作中是有区别的。整体软装艺术设计是指设计师通过对具体用户、空间、环境等因素进行深入分析，得出具体的功能需求、审美需求、造价标准等，利用整体设计方案来引导实现软装产品营销的理念；同时，这又是设计师创造的一个室内空间，里面所摆放的家具款式、饰品、地毯、挂画、灯饰、纺织品所形成的一种特有的艺术氛围，与具体用户的穿着、品位、仪态、需求相匹配。

图1-3　建筑设计、室内设计、软装设计的不同表现

（二）室内软装设计的范畴

室内软装设计的应用范围非常广泛，包括办公空间、住宅空间、商业空间（如酒店、会所、餐厅、酒吧）、公共空间等多个领域。

相关学者对室内软装设计的范畴持有不完全一致的意见，如简名敏在《软装设计师手册》中提道，软装艺术设计是基于不同类别的装饰元素而进行风格搭配设计的，同时详细地向读者讲解了室内软装设计的组成元素，室内软装设计流行风格分类，空间规划、功能布局、用户需求、文化属性等内容。又如，乔国玲在《室内软装设计》一书中提道，室内设计作为一个行业出现于19世纪70年代末，美国家庭妇女自发组织讨论家居空间如何才能布置搭配得更美，从而开创了室内设计与空间软装艺术的先河。她认为软装艺术设计是室内设计的后期内容，是基于室内设计整体创意理念而进行的更深入的设计工作，是室内设计创意框架下的空间完善与深化设计。

二、室内软装设计发展

纵观历史，我们日常居住、使用的室内环境是人类灵感、智慧、劳动及大量创造性活动的结晶。而人类对建筑空间环境有意识、有目的地设计，伴随着人类文明的发展而不断延续、变化。19 世纪 40 年代鸦片战争之后，中国近现代的建筑和室内设计受到西方强势文化思潮的巨大影响，当时中国的设计处于中式传统、西方现代主义、租界文化等多元共存的矛盾发展时期。从历史文化的角度分析，中国近现代室内设计在西方文明的强势冲击下，根植于中国几千年的传统社会价值观念、生活方式以及审美标准均发生了不同程度的变化。在这特殊时期，近现代中国产生了多元化的设计风格，如 "康白渡式" 殖民风格，大量的殖民风格建筑出现在上海滩；"洋装素裹" 里弄风格，以及中西合璧的砖墙木结构里弄风格；民族传统的 "折中风格"，以西方物质文明为载体发扬中国传统文化精髓等。在当代，得益于科技与材料的高速发展，中国的室内设计乃至整个设计行业处于百家争鸣、多元化发展阶段，建筑造型、室内形态、功能需求均发生了巨大的变化。

国内的室内软装设计是随着室内设计的发展和商业地产的兴起而细分出来的。事实上，软装艺术设计服务并不是一种固定的消费，而是一种消费概念和消费心理。如果说在十年前，软装艺术设计服务确实是一种奢侈的生活享受，并不为大众所熟知，那么随着国民收入和财富的快速增长以及生活品质的迅速提高，整体软装艺术设计服务也因此受到人们的重视。尽管如此，室内软装设计仍然没有一个专业的行业标准。

笔者总结了国内软装艺术设计存在的几个问题。

其一，消费者通常对自己所需的家居整体设计只有一个抽象的想法。即使知道想要什么样的东西和空间，也无法系统和具体地表达出来，导致一些家居装饰方案往往与消费者的预期相差很大。这个问题的产生原因主要包括消费者的艺术认识不强及整体软装概念的模糊性。著名的室内设计师邱德光曾说过，假如消费者没有形成系统的整体软装设计思维，或者在进行家具饰品搭配时没有很准确地把握，建议寻找一位软装设计顾问。因为消费者经常在买完东西回家后会感到后悔，主要是受店员的影响，或者是当时的环境、氛围，脱离了实际家居环境。

其二，消费者对整体软装设计的范畴缺乏清晰全面的认识。其主要原因为整体软装艺术作为一种消费概念，并没有普及到每个家庭中，而它的出现一定是生活品质的完美体现。也正因如此，普通消费者才会潜意识地认为整体软装设计服务价格高昂，缺乏强烈的消费意愿或没有机会提高对整体软装艺术设计的认识。

其三，在传统模式下，家居饰品行业并没有起到积极的作用，产品价格不透明、产品生产分工过于细化导致累积成本加大、资源整合不够完善等客观问题依然存在。加上大部分软装公司缺乏固定的产品供应商和相关实体产业支持，导致软装设计价格偏高，普通消费者难以接受。

其四，受传统整体软装艺术设计理念的影响，商业地产项目大多为了吸引眼球，在表面装饰效果上倾向采用夸张、华丽、独特的形式。相较于简单展示各个空间的功能属性，当下的开发商更多地利用复杂的工序与大量的软装物料来堆砌空间艺术氛围。这种过于追求形式主义的行为难免存在资源浪费、实用功能不强等问题。

面对如此严峻的现实情况，整体软装艺术设计的发展变得复杂且充满挑战。设计师在推广整体软装设计服务的同时，应该从具体用户需求、空间特点和项目背景出发，设计出真正符合用户品位和生活习惯的空间。优秀的整体软装设计方案应有别于地产开发商所堆砌的样板房那种趋于形式主义的设计，才能真正解决问题。

三、室内软装设计趋势

在全球化的背景下，我们需要将中国室内软装设计置于更广、更远的视角中思考。2023年，《DIA设计智造趋势报告》（图1-4）提到几个关键词："安全港湾"——回归"家"安全感、幸福感的本质属性；"无感智能"——从智能到智慧的精致生活新空间；"永续居住"——从环保材料到健康身体的可持续栖居。设计师应从设计理念、实际操作、客观国情等层面进行具体的分析，从中找到所面临的问题与困难，进而解决在设计中所面临的核心问题。

伴随着室内设计的发展，人们对室内生活、工作、娱乐等空间功能的多元化要求和艺术氛围的共鸣性日益提高，当下流行的"轻硬装、重软装"的设计理念已深入人心，公众对室内软环境的认识也在不断提升。家居装饰消费品，特别是整体软装艺术设计所推崇的精致生活家居用品，逐步成为消费的热点。部分软装设计从业者表示，整体软装艺术设计在人们的生

图 1-4　《DIA 设计智造趋势报告》

活中所占的比重越来越大，服务型的整体软装艺术设计正在变成一种追求高品质生活、时尚型消费的行为。整体软装艺术从"来自生活、高于生活回到装饰生活"，能很好地呼应硬装设计的效果，并调整了硬装设计中一些不完善的地方，起到对空间环境"微气候"的修饰作用。

由于国内整体软装艺术设计水平与国外的设计水平存在一定的差距，软装设计的服务人员、设计队伍背景复杂，行业内未形成一套适合自身的管理标准。此外，消费者对软装艺术设计的概念相对模糊，缺乏专业的引导。近年来，依然有相当一部分企业仍在利用传统的营销手段，在高成本、高消耗地出售自己的产品,这些企业将会面临新一轮的市场冲击。而一些软装公司仅仅对用户需求进行浅层次的研究,并一味地走形式主义的道路,没有对用户的生活习惯、使用需求等进行系统的分析,难以设计出合理的方案。面对如此严峻的形势,这些企业必须快速顺应市场的变化,并找到自己的立足点与产品竞争优势。同时,除了产品供应商应该自我升级外,整体软装设计服务公司也应该不断提高设计水平。

软装艺术设计发展趋势的具体表现可以从以下几个方面进行分析。

(一)人本关怀方面

随着国民经济的发展,社会各个阶层对居住环境的关注度也在不断提升。特别是在当前大中城市高速发展过程中,劳动人口密集使得城市人口居住环境呈现高密度群居的趋势,人均占有空间持续被压缩,居住环境所暴露出来的问题也愈演愈烈。表现比较突出的问题有人均占有空间尺度缩小、使用行为变化、功能需求与耗损控制、人文情怀与归属感等。具体表现的内容有以下三方面:①人们喜欢宅在家里的"宅"生活需求与空间环境的矛盾问题;②有限空间内的蜗居与生活需求的问题;③特殊人群的生活特征与空间配置存在的矛盾问题。美国著名心理学家亚伯拉罕·马斯洛在《人类激励理论》中将人类的需求从低到高分为:生理需求、安全需求、社会需求、尊重需求、自我实现需求、超自我实现需求(图1-5)。人本关怀、人文关怀均是我们需要关注的问题,结合亚伯拉罕·马斯洛需求层次理论与当前人居环境遇到的种种问题,我们非常有必要通过设计的力量有针对性地解决不同人群在居住环境中遇到的问题。

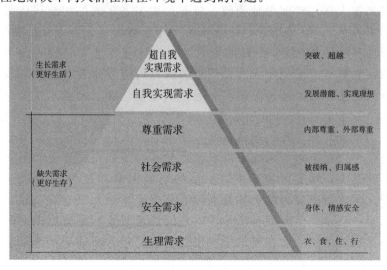

图1-5 马斯洛需求层次理论

1. "宅"生活设计

"宅"生活无论被认为是社会进步的趋势，抑或是社会发展的问题，作为当前所呈现的一种现象都有其客观存在与发展的原因。"宅"可以理解为人所需要的一种相对独立的心理空间，它倾向于限制自己与外界沟通和联系的欲望，通常只希望获取对自己有利的信息，同时避免接触到自己不喜欢的信息。面对这些问题，"宅"生活的室内软装设计应该如何有效地进行正向引导，非常值得深入探讨。

2. 蜗居空间设计

"宅"生活设计与蜗居空间设计是两个完全不同的概念。"宅"生活是由内心世界向外部世界发展的过程，而蜗居空间设计的原因是外部客观条件引起的内部需求变化。蜗居空间设计是指在相对小的空间中进行针对性的空间环境设计，主要对空间功能设置与家具设计进行相关的研究分析和设计部署。从室内软装设计的角度来看，蜗居整体空间尺度的缩小直接影响家居产品的尺寸选择。在用户功能需求、空间尺度、人体工程学等多重限制因素的影响下，蜗居空间中的软装设计变得更加复杂。蜗居空间设计的巧妙可以用一句话来形容："麻雀虽小，五脏俱全"。

3. 特殊人群空间设计

人作为居住环境的主体，以人为设计中心，体现居住空间的舒适度和人文关怀是空间设计的要旨。这里提到的特殊人群空间设计主要是针对老年人、儿童和残疾人等活动能力受限的人群对空间设计的特殊需求。以老年人居住空间设计为例。目前，我国老年人的传统居住习惯还是"居家养老"，但是随着"社会养老"理念被接受、养老社区的发展、养老居住环境的优化等，"异地养老"与"社会养老"将成为国内养老发展的一大趋势。对老年人居住环境的设计应有别于常规居住环境，应当做到从老年人的实际情况出发。老年人对居住环境的需求主要包括三个方面。一是老年人的生理需求，由于老年人各类器官的生理功能衰退，开始出现耳聋眼花、肌肉萎缩，使得老年人反应迟钝且容易发生跌倒等问题。二是老年人的心理需求，他们不再承担工作任务，可接触的人与事物变少，从而容易产生对生活的空虚无助和孤独感（图1-6）；而社会、家庭对老年人的关怀是老年人获得亲情感、安全感、稳定感的重要来源。三是老年人的生活习惯，户外活动减少，滞留家中的时间增多。除了户外的活动，在居室中预留适度的老年人活动空间也是非常必要的。

图 1-6　香港建筑设计工作室作品

图片来源：香港 Janes Law Cybertecture 设计事务所

（二）有限空间的设计

1. 多元复合型空间设计

"多元复合"的概念具有功能组织性与空间有机性的双重特征。多元复合并非混合和简单的并置，更不是生搬硬套，而是在有限的空间环境中，将所需的多重因素有机结合起来，更大限度地提高空间利用效率，并增加空间使用的延展性。伴随社会经济与科技的发展，基于人性化设计的理念逐渐被深入研究与推广，注重建筑（外部结构）与室内（内部空间）之间的相互作用与融合，使得建筑（外部结构）的形态与意象更加多元化、复合化，室内（内部空间）的功能发展、空间感受也从以往刻板僵化的单一内部空间转向多元复合型空间。室内空间设计的内容与含义开始发生巨大的变化，并随着人们的需求变化而持续发展。

2. 可移动空间设计

可移动空间设计深受大型城市居民喜爱，主要的原因是大城市人口密度高、可用空地面积小、施工难度大且成本高，特别是同一区域的功能需要变化迅速，而可移动空间自身具有的优势刚好缓解了这些问题。根据不同的功能需求，分别产生了可移动商铺、可移动住宅、可移动办公室等，制造材料主要包括集装箱、混凝土管道、模块板材等。OPOD 管壳住宅是一个实验性的、低成本、微生活住房单元（图 1-7），由香港 Janes Law Cybertecture 公司开发设计，以缓解香港的住宅困难问题。其以低成本和现成的 2.5 米直径的混凝土水管建造，同时，利用了混凝土水管坚固的结构，为 1~2 个人提供 10 平方米的室内环境，包含烹饪、睡眠、洗漱等功能。每个 OPOD 管壳住宅都是经过精心设计的作品，特别是巧妙运用家具节省空间。此外，OPOD 管壳住宅也是一种容易移动和运输的建筑体，可以在短时间内在多种地形结构上堆叠成低层建筑和模块社区，也可以临时置于城市的不同地点。

图 1-7 OPOD 管壳住宅

图片来源：香港 Janes Law Cybertecture 设计事务所

（三）社会热点

1. 人机智能空间

人机智能空间设计是国内外研究的热点之一，但目前还处于孤立、简单的研究阶段。特别是国内智能产品体系，各类智能产品之间的互通性还有待提高。智能家居系统拥有安全性、舒适性、高效性等优势，智能空间设计可以被视为科技与艺术高度融合的环境设计。

2. 绿色生态设计

环保、生态、可持续发展的理念已被大众所接受，绿色生态设计代表着室内设计发展的主要趋势。绿色生态设计所涉及的领域广泛，无论是"虚"的生产方式、生活方式，还是"实"的材料、排放物，都直接或间接影响着环境的可持续发展。因此，绿色生态设计是全方位、表象与本质、主观与客观的综合考虑，其目的是采用更加环保的材料、绿色技术，符合人本，与自然环境相融合，以打造高效节能、舒适健康的居住环境。

（四）国际化设计及中国设计范式

张黎在《日常生活与民族主义：民国设计文化小史》一书中提道，在当下，中国设计正处于十字路口，一方面是来自现代化意识形态西化的外部压力，另一方面来自巩固国家民族身份的内在紧迫需求。当代中国设计如何为世界呈现一个"崭新"的形象，梳理今日中国设计从哪里来，进而解决到哪里去的问题，中国设计的文化传承与更新之路也许会顺畅许多。与此同时，近年来我们经常看到很多具有国际化设计语言或现代中国风设计感的品牌和设计作品。比如蒋琼耳与法国爱马仕携手创办的高端时尚品牌——"上下"；苏素与杨松耀于 2012 年在深圳创立的品牌——"1983ASIA"，从当下设计视角切入亚洲文化艺术内容，以平面、包装、品牌设计为作品主线，在国际设计舞台上树立了一种独特的亚洲混搭美学风格；杭州的"品物流形"以尊重传统但颠覆传统为品牌的设计理念，选择带有中国传统文化元素的材料（宣纸、竹子、桑蚕丝等）作为基础，通过改变其原有的物体组成结构，形成具有中国文化内涵的国际化设计作品。

第二章　软装设计基础知识

专业的软装设计要求设计师具备全方位的设计审美与综合的设计技巧，换句话说，软装设计师可以称得上是一名"设计多面手"或"多元整合设计师"，其掌握的基础理论与知识面是多元化、多领域的。优秀从业者的专业素养内容，不仅包括掌握建筑与室内设计的发展史、环境与空间设计的原理、室内设计与绘图原理、设计概念与方案表达、平面设计基础、装饰与软装材料认识、人体工程学、色彩与照明等专业知识，还包括掌握相关的地理环境、风俗人情、民族文化等文化素养。

一、基本美学要求

（一）具有一定的美学基础及艺术修养

能够把握地方文化差异，理解不同地域、不同民族、不同时期所形成的社会礼仪与生活习惯的异同；不断地丰富自己的生活体验，提升自身的艺术修养和时尚气息。

（二）具有一定的沟通能力和营销能力

通过方案表达与语言沟通，引导业主发现专业软装所带来的生活美感，帮助业主确定合适的家居装饰方案。

（三）具有一定的人格形象与气质

软装设计师要注重个人修养与专业深造，时刻展现出谦虚谨慎、从容淡定的特质。

二、室内设计基础

（一）对建筑结构、室内空间及不同的使用场合的认识

软装设计师对各种不同的使用功能空间，如办公空间、商业空间、住

宅空间、酒店空间、会所空间等都需要具备分析、鉴赏及操作能力；不仅要了解基本的建筑环境、景观设计原理，还要懂得建筑结构与功能布局的关系。

（二）对平面布局的认识

建筑的平面图设计是建筑的前身，是建筑及空间形成的基础。从事软装艺术设计必须掌握一定的平面布局图设计和基本施工图表达技巧，否则在具体设计过程中容易产生尺寸不符、下料错误、安装误差等问题。

（三）对空间尺度的认识

在一个空间中用于衡量各部件关系的测量标准叫作尺度。在室内空间中，尺度概念和空间尺度关系是非常重要的内容。尺度与我们日常所用的尺寸所代表的内容是不一样的。尺寸是一种标准的刻度量值，表达某个物体或空间环境的具体大小；尺度是人对空间环境或物体的一种感觉，是人的一种感受。尺度的定义为：建筑与人体之间的大小关系及建筑内部各个构成部件之间的大小关系，是整体给人带来的一种大小感。室内环境中空间尺度的设计不仅要符合人类的生理尺度和审美尺度，还要有其他不同的含义，如空间属性、生活状态、文化习惯等。不同的空间形态会使人产生不一样的感受，而不同的空间属性和功能需求决定了空间的形态与尺度。从室内空间尺度类型来看可以分成三个类别。第一，自然的尺度。自然的尺度是最为常见的尺度形式，在我们的日常生活中随处可以找到，住宅空间、酒店空间、商业空间等基本上使用自然尺度作为设计依据。在室内环境中要做好对自然尺度的控制，应该根据人体工程学相关的数据设计各个部分的尺寸，并根据空间功能需求将各个部分糅合到一个整体中，从而创造合理的自然尺度感。硬装部分要考虑尺度感，软装设计也要多方面考虑尺度问题。在不同的功能空间内，家具的设计、灯具的布置、装饰品的选择都要合理地考虑与人、与环境形成自然的尺度感，任何一个部分过于夸大或者突兀都会产生违和感。第二，超人的尺度。超人的尺度经常出现在酒店大堂、博物馆、机场、音乐厅、教堂及一些纪念性建筑中（图2-1）。这些建筑通过超自然的尺度设置让人们对其或某种物体产生宏大的心理反应。正确地利用超人尺度的建筑或室内空间设计，可以很好地表达某种特殊的意愿。第三，亲切的尺度。亲切的尺度是一种试图将存在于空间中的事物缩小为实际尺寸而产生的尺度形式，在某种程度上观看者会产生凝聚力和亲切感。室内空间要产生亲切感并不是一味地缩小物体的实际尺寸，巧妙地设计也可以让"超人"的尺度空间具有亲切感。

图 2-1　"超人"的尺度空间

图片来源：广州观致装饰设计有限公司

三、装饰设计风格

人类文明的演化进程有其相对独立的发展阶段，不同区域与不同环境导致世界各地建筑、室内、产品设计存在特征差异。室内的装饰风格亦是如此。从 15 世纪早期，回溯古典的文艺复兴和矫饰主义，到 16 世纪下半叶，豪情激荡的欧洲巴洛克风格浪潮，再到 18 世纪，奢华靡丽的法兰西与洛可可风格，充分体现宫廷生活、宗教信仰在不同时间对室内装饰风格产生了相对独立的推动力与影响。近代以来，经济的往来、文化的交流使得原本独立延续和各自发展的装饰风格形成了众多既独立又或多或少有联系的装饰风格（图 2-2）。当前，尽管国内流行的室内装饰风格主要是受到了国外装饰风格尤其是欧美国家的影响。例如，新中式受到现代主义的影响，新古典、简欧、地中海等样式则是追随欧美传统的居住和人文风格，还有东南亚、日式风格等。但是，由于各种国外的室内装饰风格传入国内后，基于本土传统背景、文化理解及经济收入等各种原因的影响，其与国外的室内装饰风格存在很大的差异。

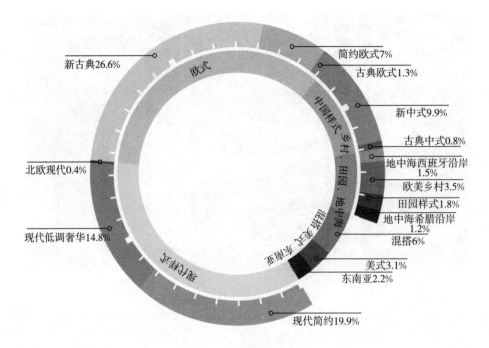

图 2-2 风格趋势报告

（一）中国样式

从传统的明清古典风格，到逐渐衍生出独特的新中式风格，国内的传统风格受到国外现代设计的极大影响，在装修、家具、装饰、色彩、材质等方面都发生了显著的变化，更加贴近当代人的生活和审美。特别是当下，受西方文化影响较深的中青年一代逐渐成为消费主力，这种变化是一种必然的趋势。无论是古典中式还是新中式风格，在不同程度上都受到了西方文化的影响，其结果是在中国传统的经典样式上产生了各种变化。

1. 传统中式风格

以明清风格为主的中国传统住宅样式是中式古典风格中比较有代表性的，直到今天仍然有着十分重要的地位。明清风格的中国传统住宅样式，整体视觉效果古香古色，具体表现出来的艺术语境可以从下面两个方面进行分析。其一，家具款式选择以明清风格木质结构家具为主，如以紫檀木、乌木、黄花梨、香枝木、红酸枝等为主材的桌椅、雕花样式的茶几、黑漆彩绘屏风、传统山水花鸟图案的屏风等；最为常见和典型的是被称为"月牙扶手"的交椅、圈椅或"四出头"官帽椅等。其二，纺织产品方面具有的特点是中式纹样，以丝、缎、绸等材质为纺织原料，以流苏及中式元素的吊坠作为装饰。配色方面，以大红、墨黑、金色、檀紫、赭色、宝石蓝、翠绿色等纯度、浓度较高的色彩为主，其次为橙红色、玫红色、桃红色、米色、靛蓝、薄荷绿等较轻的色彩。

2. 新中式风格

中国室内装饰风格的发展是一个较为复杂的变化的过程，其中夹杂着许多外来的影响，有简化原有造型，"去型取意"的手法；也有改变原有材料，"留型改料"的方式；还有改变原有色彩，"改装容"的手法等。但就中国样式的室内装饰风格而言，其发展有一条较为明显的可循脉络，那就是传统中式风格正在往融入更多现代元素的新中式方向发展。其具体表现出来的艺术语境可以从两个方面进行分析。其一，家具款式方面。①现代家具与古典家具相结合，主要是在古典中式家具的基础上进行减法设计处理，雕花装饰的繁复程度降低、数量减少，外轮廓线条更加简洁流畅。②使用传统中式家具样式但改变其原有的材质或表面色彩，有些则故意将造型扭曲、拉伸、拆解、重构。③现代风格的家具样式也常被运用到新中式软装设计作品中，并且这种设计手法因为更加符合现代人对室内环境的美学品位和功能需求而越来越受到市场的欢迎。这类家具常选择直线条及简约弧线造型，使用中性色调、不锈钢材质等。但其前提是需要与带有中式风格的其他家具、一系列具有明显中式符号的装饰品相互搭配，才能营造出独特的新中式软装设计艺术语境。例如：粤海地产珠光路销售中心前台的背景墙采用了具有中式风格的装饰花绘搭配直线条的现代风格（图2-3）。其二，纺织产品方面。①使用高光泽的丝、绸、缎类面料。使用丝、绸、缎类面料是中国纺织样式的主要特色之一，但与古典中式风格的纺织品相比，现代中式在选择丝、绸、缎类面料时会偏向光泽度较低的面料，而且在成品设计中经常混搭棉、麻、平绒等材质来降低过分华丽的质感。色调方面偏向中性色及清雅的浅色系。如果采用红、紫等色彩，也常常会降低色彩明度。常用素色面料，主要以再造形式来作为点缀装饰，如拼布、打褶、绣花等。图案常用花鸟等现代纹样。此类材质多数用在卧室床品及装饰抱枕上。②使用哑光肌理类面料。在新中式风格所营造的简约而低调的艺术氛围中，软包、窗帘、沙发、抱枕等经常选用平绒和厚实的棉麻织物进行制作。织物的纹饰方面，一般采用纯色、肌理、几何等简单纹样，或者采用传统中国纹样，但图案的对比度与色彩搭配较为简单。此类织物主要用于大堂、会客厅、会议室、餐饮空间、客房等公共场合或共享空间中。

图 2-3　粤海地产珠光路销售中心软装设计

图片来源：广州观致装饰设计有限公司

（二）欧式样式

1. 欧式古典风格

欧式古典风格的装饰特征非常具有时代印记。其一，复古特征。极力模仿欧洲的古典样式，如模仿洛可可时期室内使用的木质镶板，或者模仿哥特式建筑内部的骨架券，并大量选用C型、S型和涡卷型浮雕效果的装饰构件。其二，大量使用装饰柱。如罗马科林斯柱式一般带有毛莨叶装饰，看起来更加繁复华丽。其三，文艺复兴装饰效果的门洞窗边。一般为木质结构且带有雕花，或者是石膏上带有描金的雕刻装饰等。其四，家具样式选择主要是模仿古典的欧式家具，材质选用主要是桃花心木、黑檀木、橡木、胡桃木、樱桃木、榉木等；使用大量金色，较少使用白色或者其他上漆的色彩家具。其五，布艺产品类。①继续沿用欧洲经典的墨绿、暗红、金黄、靛蓝等色系；②波斯和土耳其图案的满地花地毯、壁挂，罗马帘及帝政风格的复杂帘头等，强调烦琐的细节表现；③大量使用流苏、挂穗、拼布、簇缝、折裥等工艺装饰布艺产品，尤其是在窗帘、装饰枕中（图 2-4）。其六，装饰摆件。欧式陶瓷摆设纹饰多以花卉风景、人文典故为题材，局部采用描金装饰；另外，东方风格趣味的瓷器也常被点缀其间。

通过上述分析，欧式古典风格具有古典、繁复、华丽的特征。所以，装饰如此复杂、烦琐的室内设计，如柱子、壁炉、木饰板墙面、石膏装饰线及拱门、拱顶等华丽厚重的装饰细节，常用于具有大空间的住宅。

图 2-4　广东兰居尚品创意家居公司产品

2. 欧式简约风格

欧式简约风格沿袭了古典欧式风格的主要元素，大幅度地简化了古典欧式风格所强调的华丽装饰、浓郁色彩和精美装饰所形成的奢华感。欧式简约风格的软装设计从色调表现方向可以分为两大类。第一类是浅色系，以米色、黄金色为主色调。硬装及家具多采用米白和浅金色，显得比较现代和华丽（图 2-5）。第二类是深色系，以棕褐色为主色调。墙面一般以浅色为主，深色主要体现在家具、墙面上使用的木质镶板，或者是有简单雕刻造型的家具饰品上，显得更加古典和低调。

欧式简约风格的软装设计所表现出的艺术氛围，可以从以下几个方面进行分析。其一，在硬装设计方面，简化后的欧式简约风格大部分依然保留了典型的拱券、柱式及壁炉等元素，有些还加入了现代的装修方法，如墙面软包、镜面装饰等。简化后的装饰方式使空间轻松不少，避免了厚重的简欧家具带来的拥挤感。而"欧洲样式感"主要从家具及饰品上呈现，其中大空间一般在装饰上时常保留拱门、柱式、吊顶等；中小空间一般装饰上较为简洁，带有少量石膏装饰线或者基本上不做装饰。其二，在家具款式方面：①颜色选择常见米白色系与棕色系，如米白色的法式家具细节上还常加以金色点缀，棕色系家具的选择以浅色调为主，比如沙发的选择，通常以黄色或浅棕色为主；②弱化装饰细节，通常带有一些巴洛克或洛可可风格的典型涡旋装饰，以微曲的弧线起装饰作用。其三，在纺织产品方面：①简欧风格的室内纺织品底色大多采用白色、米色、浅黄等淡雅的色彩；②同类色不同质感的面料相互搭配，可以营造出低调且典雅的简欧风格；③沙发覆饰布料常选择缎织物、大提花、花呢、丝绒、斜纹棉布等，布艺的面料和质感很重要，如丝质缎纹提花面料显得比较高贵，而棉质素纹面料则显得较为素雅。

图 2-5　天河城公寓软装设计

图片来源：广州观致装饰设计有限公司

（三）美洲样式

美洲样式包含多种装饰风格，其在行业中流通的标准主要以美国本土装饰特点为主。美式家居是带有美国传统样式的家装设计风格，国内很多美式装饰空间大多模仿国外美式家居的做法，一般带有天花吊顶、栏栅状及环绕式装饰元素，墙面装饰则以木质镶板及石膏线条装饰为主，时常出现镜面镶板等。

1. 美式乡村风格

美式乡村风格常用做旧的处理技法，如图 2-6 所示为 HARBOR HOUSE 品牌的产品，以新配旧，常使用旧物或做旧处理的装饰品作为点缀，带有混搭而传统的特点。

图 2-6 HARBOR HOUSE 品牌产品

图片来源：HARBOR HOUSE

2. 美式古典风格

美式古典风格的一大特点是保留了传统样式中部分古典与繁复特征，天花板常使用石膏线装饰花纹、石膏线脚构成多层叠加的石膏造型，墙面装饰上以木质镶板、石膏嵌线，以及镜面镶板等进行装饰。

3. 在家具款式选择方面

其一，主要采用简洁偏向直线造型的传统家具，如 18 世纪使用的单腿圆台，并进行米色、红褐木色、黑色、金边等色彩处理。少见高光烤漆及烦琐的雕花装饰。其二，常选择铜质或者铝质框架玻璃桌、镀金框架边桌等，用金属质感点缀的家具。

（1）美式家具与现代家具

美式家具与现代家具有很多相似之处，但细致观察会发现两者的不同。一方面，现代风格的沙发多为直线条且方正、平整而挺拔，并不显得厚重。与之相比，美式风格的沙发显得较厚且带有少许弧线，还带有传统欧式特点的椅脚装饰，或者外露木框结构作为装饰点缀，虽然也偏向简洁，但没有完全的直线形，常是斜线、略带弧度及曲线形。另一方面，螺旋式椅脚、倒梯形柱状椅脚，或者覆以裙状沙发套，是美式家具最为常见的样式。

图 2-7　美式古典与美式现代

图片来源：网络

（2）美式家具与欧式古典家具

与欧式古典家具相比，美式家具在样式上加入了现代风格的简约元素，造型设计浑厚中体现简洁，颜色以单色为主。从视觉效果来看，美式家具更贴近家庭、贴近自然，较少带有烦琐的雕琢痕迹，一般由大块平面板材制成。欧式古典家具则大多加上金色或其他色彩的饰漆，辅以繁复的雕花（图 2-7）。

（3）美式家具与新古典家具

美式家具通常搭配传统样式的弯腿沙发，造型略显陈旧。在面料方面，常用素色棉麻、哑光绒面料。此外，木质外露结构，进行少量做旧处理。新古典家具常以金属外露结构为主，造型厚实且曲面较多，面料选择方面常以高光亮皮及高光泽绒面材质为主。

4. 在灯饰款式选择方面

美式空间设计中，灯饰的选择主要包括三个方向。其一，黄铜色、哑金色、铝锡及黑色锻铁灯杆的水晶吊灯，较少使用金黄色的灯杆，造型以朝上延伸的铸态式样居多。其二，铝锡及黑色锻铁的铁艺吊灯，有传统的马灯和防风灯两种样式，也有现代的几何造型。其三，盖罩式灯是造型简洁的盖罩式台灯或者吊灯。盖罩上没有多余的装饰，呈直线造型。灯座常用传统的烛台样式，铁艺造型，或者是直线弧线无装饰的现代样式。

（四）现代样式

现代样式包括简约温馨、色彩丰富的北欧现代风格；素雅简约、中性十足的现代简约风格；尽显光泽感、讲究材料搭配的现代奢华风格等。下面主要介绍现代简约风格及现代奢华风格的装饰特征。

1. 现代简约风格

首先，现代简约风格给人的印象是中性、素雅简约。现代简约风格的软装设计通常出现一些经典的现代样式的经典家居作品，如最常见的由密斯设计的巴塞罗那椅子、ARCO灯、PH Artichoke灯等，以体现紧贴潮流的家居风格特征。现代简约风格在硬装设计、家具选择上呈现鲜明的特征。在硬装设计方面，天花板通常采用平板式或方框式暗藏灯槽（图2-8），同时大量使用透明玻璃，如围栏和楼梯扶手、落地玻璃门窗、玻璃隔断、玻璃墙等。在家具款式选择方面，现代简约家具造型线条利落简洁，橱柜、沙发、床架、桌子都以直线、直角的造型为主。整体家具的色彩多为素色，以黑白灰为主，再配以少量的银色和米黄色。以木质、皮质的材料为家具的主料，沙发面料多为皮、棉、麻这些天然材料。

图2-8 新势力酒店公寓

图片来源：广州观致装饰设计有限公司

2. 现代奢华风格

现代奢华风格设计通常在现代简约的基础上降低明度，并增加金属及高光泽的材料，强调金属感和直线条。此外，它还融入了部分新古典的元素，如水晶吊灯、卷草纹、动物皮草等（图2-9）。现代奢华风格的出现是基于对现代简约风格过于简单、稍显低档的改进，以及对过于华丽累赘的新古典风格的摒弃，更好满足了消费者对档次和简约的双重需求。

图 2-9 星汇文华软装设计
图片来源：广州观致装饰设计有限公司

在硬装设计方面，其一，现代奢华风格在镜面装饰中比较重视花样与镜面的结合，而新古典风格中平面镜和黑镜的使用比例也较多。两者的共同点是普遍使用黑镜和平面镜。其二，石膏天花板上多镶嵌玻璃镜面，并配有暗藏灯槽的现代天花吊顶。

在家具款式选择方面，其一，现代奢华风格的家具选择多带有皮质、金属、玻璃等元素，常采用方形直角结构和不锈钢脚架等；家具上没有任何雕花装饰，线条干练简洁。其二，椅背、沙发、橱柜等的形状都已简化为方形，骨架以不锈钢等金属骨架为主，并没有保留新古典的样式。其三，沙发、座椅、床包等的面料选配以皮质为主，搭配少量的棉麻材质。

在装饰摆件方面，现代奢华风格偏爱在空间中营造一种闪亮的质感。因此，玻璃、水晶类型的摆设或器皿在此类风格中出现较多。在玻璃摆件的造型上，以极简或带有少量装饰为主。

3. 国内现代奢华风格与国外现代奢华风格的比较

国内的现代奢华风格更多的是直接对新古典风格进行简化修改，如新古典吊灯、卷草纹、动物皮草纹理等新古典典型特征常常混杂出现，其色调不一，强调表面视觉上的奢华与装饰性。

国外现代奢华风格特征比较强烈，强调直线及整体空间氛围的营造，同时兼具少量新古典元素。

（五）新装饰主义风格

新装饰主义风格是现代室内设计发展的衍生品，它没有固定的装饰元素、色彩和样式特征。新装饰主义风格更多的是基于当下流行的装饰特点或个人艺术表现特点，融合传统装饰风格的特征进行二次创造。采用新装饰主义风格的代表是邱德光设计事务所。该设计事务所的设计理念是以一种带有东方美学的新装饰主义风格作为空间设计的核心表现力，具体表现为通过传统装饰元素结合当代设计手法，并运用华丽的艺术及时尚元素，将生活形态和美学意识转化成空间设计中的各个部件，赋予奢华生活新内涵，塑造当代东方美学与时尚多元的生活形态。邱德光设计的作品就是新装饰主义风格的代表，其大量运用并将新古典装饰元素、欧洲样式造型、中式传统的语境有机地结合及相互融汇，形成极具新装饰主义风格的视觉典范（图2-10）。

图2-10 杭州绿城·江南里

图片来源：邱德光设计事务所

四、色彩搭配基础

室内软装设计主要由造型、色彩、材质、光源等基本要素共同构成，而色彩是人们感知物体的首要因素。色彩有色相、明度、纯度之分，有不同造型、不同面积的色彩，以及不同色块的组合均直接影响室内软装设计的整体视觉效果。同时，色彩的搭配方法也有很多种，可以从使用者心理、空间表现力、不同装饰风格色彩的特点等方面考虑。色彩的成功组合是营造室内软装氛围最重要的手段之一。

（一）色彩与流行趋势

流行色又称时尚色，指在某一段时间及特定区域内被广大群众广泛接受和使用的色彩配方。流行色不是固定的，也没有固定流行的区域。例如，潘通公司（PANTONE）每年都会发布流行色。流行色是在一定时间内，由社会、政治、经济、文化、宗教等因素和人们心理变化等因素综合作用的产物。

色彩的可变性是无穷的，色彩与色彩之间的搭配是丰富的。色彩的流行趋势并不仅仅针对色彩的色相、明度、纯度进行分析；色彩的表现还包含季节的变化、时代的审美、新材料、新技术、新的设计语言，以及当下发生的各种经济、政治、热点等对人们生活、心理产生影响的因素。不同行业的色彩流行趋势也是不一样的。例如在家居设计行业，德国的法兰克福家纺展、法国巴黎国际家居用品展、米兰设计周每年都发布流行趋势报告；还有一些趋势研究机构，如全球领先的趋势研究机构WGSN公司，每年都会针对室内设计的发展趋势进行预测并发布室内色彩趋势报告。

（二）色彩的搭配原则

1. 单一色彩搭配

单一配色是最简单、最原始的配色方法，利用单一的色彩进行搭配并不代表没有变化，可以充分地利用同一色系中不同明度与饱和度表达变化，这样的搭配最终呈现出来的视觉效果是非常统一、干净、优雅的。完全的单一配色法的优点是容易管理，看起来具有平衡感；缺点也很明显，缺乏对比色的活力感，容易显得单调乏味。因此，如果整体家居设计（室内硬装饰、家具）选择单一色彩进行搭配时，应在软装设计中使用与空间相比更有色彩感的装饰品进行混合搭配，这样可以起到点睛的作用，提升整体空间层次。

2. 相邻色彩搭配

相邻色彩搭配比单一色彩搭配更加具有活力。相邻色彩顾名思义就是色环上相邻的两种色彩，如红色与橙色。室内软装设计师运用这种搭配方法进行设计时会选定一个主体色，将相邻的一个或多个色彩作为辅助色。具体的配色比例没有固定的公式，例如，可以选取三个相邻的色彩，以7：2：1的比例，或以6：3：1的比例进行主体色、辅助色、点缀色的分配。相邻色彩搭配方法是基于大的主体色，以一个色调联系各个产品，使其达到统一的视觉效果。相比于单一配色法，相邻色彩搭配可以让室内软装中各类产品的整体效果既统一又有变化。其缺点是相较于对比色缺乏活力感，容易显得单调乏味。

3. 对比色彩搭配

对比色彩是色环中相对立的颜色，如绿色与红色，黄色与紫色等。对比色彩搭配本质上是高对比度的搭配，其效果对比鲜明，视觉冲击力大。如果使用不合理，容易令人眼花缭乱。在选择对比色彩进行搭配的时候，最好降低色彩的饱和度，或者调整对比色彩两者的比例，可以为一主一辅，也可以用黑、白、灰等中性色进行调和。对比色彩的搭配优势非常明显，但务必控制好色彩的比例。

4. 互补色彩搭配

互补色彩是在色环上呈现 $180°$ 相对的色彩。对比色彩与互补色彩均是选取色彩对比强烈的两种颜色进行搭配，在实际运用过程中常常混淆。互补色彩搭配法还可以细分出多种组合方式。如分离式互补色彩搭配法，这种色彩搭配法是在互补色彩搭配的基础上，选择主体色以及主体色的补色的两个相邻色彩；分离式互补色彩搭配在视觉效果上依然强烈，但由于选择了互补色相邻的两种色彩，在保持互补色搭配的基础上弱化了两个互补色之间的排斥性。例如，在室内软装设计中，空间主色系绿色的补色原为红色，而使用分离式互补色彩搭配方法后，搭配的颜色变成红色的左邻近色橙色和右邻近色紫红色；最终的色彩搭配为绿色为主体色，辅助配色为橙色与紫红色，形成更为丰富的色彩层次。

5. 色彩与心理反应

色彩的心理学本身是一门很大的课程，除了色彩基本的色相、明度、纯度，色彩的衍生物如色彩性格、色彩的宗教意义、色彩的民族性等都是非常值得分析与研究的课题。但可以确定的是，色彩原本没有性格，也没有时代属性，更没有一成不变的流行色。因为色彩在不同的地理环境、种族、传统历史等因素的影响下被赋予了不同的含义。在世界各地经济、政治、文化相互交融的今天，懂得尊重、欣赏、使用不同地域的色彩文化，在未来设计中将会越来越重要。例如，东欧经常使用带有阳光色或奶油色的次高调同类色进行搭配，而北欧则习惯选择色相明显的色调进行搭配（以宜家家居为典型）。受季节变化的影响，色彩的心理反应也会产生不同的效果。比如，在炎炎夏日，家用纺织品倾向于选择冷色系或者是明度较高的清淡色彩（淡绿、浅蓝、白色）；而冬季纺织品宜选用暖色调或明度较低的色彩，让使用者心里产生温暖感。受场域变化的影响，色彩的心理反应也会产生不同的效果。休息环境、工作环境、娱乐环境对色彩的表现均有不一样的心理反应。

（三）色彩与空间表现

色彩在空间中的变化是非常丰富的，空间中色彩呈现出来的效果是色彩受环境影响的二次创作。光使得空间变得立体、有层次，呈现出"流动的色彩"。空间的使用功能设置直接决定了空间的色彩选择，特别是一些具有特殊使用功能的场所，如医院、影院、宗祠等。下面以贝聿铭设计的苏州博物馆新馆为例（图 2-11），整个博物馆的设计选用了灰与白两种中性色调，它们也是苏州传统建筑常运用的颜色。院落的外墙与建筑本体的色彩、材料完全一致，并且这一色调一直延伸到室内空间的每个角落。留白、少即多、无过多装饰的设计，清晰的空间轮廓及丰富的空间节奏感，使人在空间中始终处于主角的位置。苏州博物馆新馆所呈现出来的优雅，渗透着古典园林设计的精髓。从用色、用料、用形各个方面均体现了一座中国现代博物馆的特点，尊重历史，体现厚重的传统文化积累，也延续了明代文人墨客的空间观念。

图 2-11　苏州博物馆新馆建筑与内部空间
图片来源：苏州博物馆

（四）色彩与装饰风格

不同装饰风格的形成除了受造型、结构、材料、图案等因素影响，色彩所起到的作用也是不可忽视的。不同的色彩搭配方式可以塑造不一样的装饰风格，而且色彩的表现受材料属性、地域文化、气候特征、潮流元素等不同因素的制约。色彩在装饰风格中的作用可以通过几种有代表性的设计风格进行剖析。

1. 新中式风格

软装设计行业对新中式风格的色彩搭配标准有不同的解读方式，但是有两种色彩搭配是最常见、最具代表性的。其一，鲜明且富有民族气质的色彩，常用于复古或沿袭中国传统样式的空间，整体色彩古色古香，传递出中式怀旧情结。其二，淡雅且富有东方意境的色彩，常用于现代且具有简约设计感的室内空间，整体空间中色彩的色相、明度、纯度变化较小，表现力趋于平静舒适（图2-12）。

图2-12　淡雅且富有东方意境色彩的设计

图片来源：广东兰居尚品创意家居有限公司

2. 欧式风格

欧式风格沿袭了欧洲各国的传统样式，包括古典欧式风格、欧式简约风格、新古典风格、欧式田园风格等。以欧式简约风格为例，它继承了巴洛克及洛可可时期的室内装饰特点，并进行了简化设计。其以浅色调为主、深色调为辅，如以"白＋金"为主的室内软装设计，搭配浅蓝、浅粉的局部用色，带给人清新舒适的感觉之外，还富有雍容华贵之感。

3. 美洲风格

美洲风格以美式风格最具代表性。美国作为一个世界级的移民国家，美式风格的艺术特征融合了多种文化特点。从结果来看，传统欧洲样式对美国装饰风格的影响突出，带有传统欧洲家居风格的装饰元素符号在美式风格空间中随处可见，只是经过美国本土化的演变并糅合了当代设计后，形成了有别于传统欧洲样式的风格特征。美式风格中有表现复古、奢华、自然、乡村等艺术效果的多种类别，如曼哈顿公寓的摩登现代风、乡村别墅的经典怀旧风、佐治亚风格、联邦风格、艺术装饰风格等。以美式乡村风格为例（图2-13）：墙面装饰和家具结构趋向于使用木材本身的色调，或者是自然风化后的做旧效果。纺织面料的用色方面，同类色的搭配是美式风格软装布艺设计的主要配色方法，而浅咖啡色是运用最多、面积最大的色彩。室内软装设计中，主体色与辅助色的搭配趋于大面积的暖灰色系素色布，点缀色是橙色与蓝色、玫红色与草绿色。

图2-13　美式乡村风格
图片来源：广东志达纺织装饰有限公司

4. 现代工业风格

在现代工业风格的室内设计中，通常选择经典的黑、白、灰三种中性色作为主体色调，利用软装配饰（单体家具、挂饰、纺织品、摆件等）中局部元素的大胆色彩进行辅助色表现。一些极具当代艺术感的图案、产品、装置的加入，不但可以调和主体色的冰冷感，还能营造一种具有较强视觉冲击力的空间印象。玛瑙红、复古绿、克莱因蓝、亮黄色、古铜色等颜色是现代工业风格中最常用的。

五、装饰图纹设计

装饰图纹设计在建筑设计、室内设计、软装设计中具有十分重要的作用。装饰图纹不仅是时尚符号、表面视觉装饰的内容，还承载着不同地域的风土人情、文化沉淀、审美趣味等。

装饰图纹设计是广州美术学院染织艺术设计系室内软装设计课程的特

色之一。笔者在《设计艺术研究》杂志 2018 年第 1 期发表的《基于岭南传统装饰图案的室内软装艺术设计研究》中提出，装饰图纹不仅仅存在于平面视觉艺术的设计范畴中，而且融合了视觉传达与功能为一体的多元艺术组成形式。具体内容包括：其一，传统的装饰图纹在题材的选择上多以自然对象为媒介，同时又不受具体自然对象的限制，是对视觉图形具象或抽象表达的设计与提炼。其二，除了具有明显造型、轮廓、凹凸的图案，肌理感、色彩及任何物体的表面涂层均属于装饰图纹的范畴。其三，随着图纹从简单的表面装饰的平面视觉艺术发展到立体空间的概念，装饰图纹在产品结构、空间形态组成方面的作用越来越重要。装饰图纹的重要性不可忽视，装饰图纹的组成及分类的复杂程度也不可轻视。基于功能与文化内涵的装饰图案的设计才是合理的设计，要达到上述要求需从下面几个方面综合考虑。

① 视觉上：形态、色彩、材质。

② 功能上：造型、结构、工艺。

③ 心理上：同理心、吸引力。

装饰图案的创新性设计具体的设计手法可以从两个方面入手。

其一，"形"的提取与衍生。根据具体产品设计的需求在原始参考物中寻找创作元素或者灵感，并且根据原始参考物的装饰特点进行再次创作，包括整合、简化、提炼、雕琢、变形、重叠、组合等。

其二，"意"的表达与延伸发展。通过人类视觉、听觉、嗅觉、味觉、触觉五感共同打造出来的"意"觉体验，是更深层次的设计，也是本书所强调的室内软装设计中装饰图案设计"意"的沿用与延伸的重要性。

六、装饰图纹的样式分类

不同的行业或公司对装饰图纹有自己的分类，并且分类的方式各不相同。相关研究人员及学者为了对其更好地进行认识与传播工作，费尽心思地对装饰图纹进行了有序的归类，但目前仍然没有一种十分全面且达成共识的分类方式。这反而丰富了装饰图纹在后续发展上的多元交叉性与形式种类，使其不受限于某一时期、某一地域、某一民族。例如，按欧洲历史发展顺序来划分，可以分为古希腊罗马时期的装饰图案、拜占庭时期的装饰图案、文艺复兴时期的装饰图案、巴洛克及洛可可时期的装饰图案、殖民时期的装饰图案等；按中国各历史朝代划分，可分为从古代的唐、宋、元、明、清时期的装饰图案，到当代的现代主义装饰图案；按地域进行划分，可分为埃及装饰图案、波斯装饰图案、欧洲装饰图案、中国装饰图案、日本装饰图案、泰国装饰图案、苏格兰装饰图案、南美洲装饰图案等。各个分类还可以细分出不同的装饰特点，如国内装饰图案按地域可以分为东北花布图案、藏族图案、岭南装饰图案、贵州苗族装饰图案等；按图案的构成形式划分，可以分为一个单元形图案、二方连续图案、四方连续图案、独幅图案等；按图案的表现形式来划分，可以分为写实类装饰图案、抽象类装饰图案等；按图案的造型进行分类，可以分为花卉类装饰图案、生物类装饰图案、几何类装饰图案、卡通类装饰图案、肌理类装饰图案等。在软装设计中，设计师不应该仅停留在研究装饰图案本身的造型及类别差异的层面，而应该巧妙运用装饰图案的设计延伸到室内空间中的整体功能、艺术、人文需求上。

下文以装饰图案的造型特征为分类方式进行详细的介绍。

（一）花卉类装饰图案

花卉的自然属性为其提供了宜人的、亲切的感觉。因此，花卉类装饰图案在家居产品中被广泛应用。例如，常见的卷草纹、碎花图案、佩斯利图案、大马士革纹等许多不同装饰风格的图案都是由花卉或者花卉类元素衍生出来的。花卉类装饰图案的分类可以简单地分为写实型与抽象型两种，抽象型花卉图案的表达可以有无穷无尽的表现，主要是根据衍生出的花卉图案与花卉原型所产生的视觉差距进行创作（图2-14）。花卉图案的创作

图2-14 花绘类装饰图案

图片来源：广东志达纺织装饰有限公司

主要是将单一花卉元素或多种花卉元素交叉组合，合理地安排花卉大小、形体、疏密、构图、色彩等方面的元素，使其呈现不同的视觉感受。纵观设计发展史，花卉类图案设计作品数量之多、变化之繁复，其设计与运用均须以时代的美学法则为指导。在室内软装设计中运用花卉类装饰图案，无论是单独纹样设计还是整体空间的设计，都要做到主次分明、虚实结合、繁简适宜、形态优美。

（二）动物类装饰图案

动物类装饰图案从古代至今一直都是深受大家推崇的设计题材，如传统中式装饰纹样中经常出现的龙凤、孔雀、仙鹤、金鱼、虫鸟等主题图案，拜占庭时期的半狮半鹫装饰纹样，中世纪时期的独角兽装饰纹样，巴洛克时期凡尔赛宫中大量的狮子、鹰、麒麟等动物形象。近代设计师对动物元素的应用更为广泛，如马术文化催生的爱马仕品牌，其推出一系列以经典马术形态为标识题材的动物装饰图案产品。科技的发展使得设计师可以结合新时期、新视觉语言来呈现越来越多极具个性情感语境的动物类装饰图案。由荷兰设计师 Marcel Wanders 创立的 Moooi 家居设计品牌推出的产品设计主题——The Museum of Extinct Animals（图 2-15）淋漓尽致地刻画了多种生物元素的装饰特点，用非常独特的艺术表现形式将其呈现在家居产品设计中。

图 2-15　The Museum of Extinct Animals

图片来源：Moooi 家居设计品牌

（三）几何类装饰图案

当下，几何类装饰图案在建筑设计、产品设计、平面设计等领域的运用十分广泛的。几何类装饰图案可以说是现代主义设计的代表之一，其具体表现可以从其发展历程来分析。早期现代主义运动产生的审美新风潮"机器美学"，在机器化生产的大背景下趋于理性，使得那些繁复的表面装饰不再受到关注。现代科学技术，如电脑软件制图的普及、现代人的审美追求趋于简化，以及平面设计构成方法论均为由简单的点、线、面组成的几何类装饰图案设计提供了发展动力和系统理论支持。

现代几何类装饰图案所表现出的强烈视觉冲击力和视觉张力，是花卉类图案和肌理类图案所无法比拟的。而一些通过软件设计或电脑计算生成的几何类装饰图案，具有工业化产品共有的成本低且易于复制生产的特征。几何类装饰图案常用于公共空间、商业空间和办公空间等空间尺度较大的设计方案中。

几何类装饰图案不仅仅是现代设计的代表，其影响遍及生活的各个领域。从传统的民族服饰到现今的生活用品，从敦煌的壁画到现代壁纸设计，均可发现大量几何装饰图案的造型。例如，体现浓郁民族特色和传统审美内涵的湘西土家织锦（图2-16），为了适应当时有限的织造工艺条件，将取材于自然物象的各种元素变化为以直线、斜线为主的抽象几何图形。把复杂而纷乱的自然物体转变成方形、三角形、菱形等简单的几何图案，从而构成别具一格的条理化、单纯化、理性化的几何纹样。

图2-16 现代几何装饰图案

图片来源：广东志达纺织装饰有限公司

（四）肌理类装饰图案

所谓肌理类装饰图案，大致可以分为两大类，一类是自然界中能用视觉或触觉察觉到的表面或截面的凹凸、纹路、斑驳等；另一类是人类有意识地使用材料及技术模仿自然物体表面或截面的凹凸、纹路、斑驳等。从宏观世界到微观世界，从自然物体到工业产物，肌理如同人类细胞结构一样无处不在，如石纹、水纹、木纹、指纹、织物纹理、扎染纹理、腐蚀纹理等。

肌理类装饰图案设计不表现具象的图形（如几何类图案、花卉类图案、动物类图案等），而是通过模仿某一种或多种自然物体的肌理质感，在有序的组合编排下形成视觉上有规律、触觉上有触感的装饰图案效果。肌理类装饰图案除了我们常见的模仿自然界中的物体，还包括各种非具象图形的纹理设计，如使用各种技法在不同的材料上表现肌理质感的方式。换句话说，即有意识地保留材料的原有质感或风味，改变材料原有的组织结构，形成一种全新的装饰肌理样式。这一创新设计手法越来越受到专注于原创产品设计的企业的欢迎。在国内，有一个工作室在这个方向上取得了不错的成绩，那就是近年来活跃于米兰国际家具设计展的杭州品物流行设计工作室。该工作室专注于研究和解构中国传统材料与相关工艺，目的是发掘中国古代遗存及其文化价值。品牌所推出的产品设计均来源于对竹材、手工纸、黏土、瓷器、铜、银、丝绸等材料的研究与再造。特别是一款名为"云"的花器设计，采用余杭传统的造纸方式，将带有浓郁中国美学味道的竹和纸两种材料打成浆状，利用捞纸过程中的随机性，创造出完美自然的艺术形态（图2-17）。

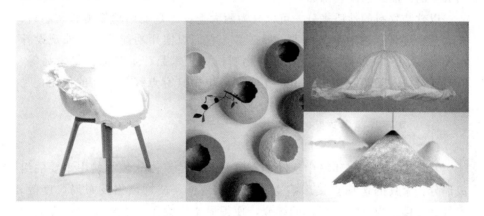

图2-17　肌理类装饰图案运用
图片来源：杭州品物流行产品设计有限公司

（五）卡通类装饰图案

卡通类装饰图案的设计与前面分析的几类图案相比，是一个较为特殊、独立的门类。它用一种独特的视觉语言将各种装饰符号（如几何类图案、花卉类图案、动物类图案、肌理类图案等）转化为带有童真色彩的卡通类装饰图案。卡通类装饰图案的设计与运用主要与儿童的生活紧密相连，这种独特的视觉语言在元素的选择上倾向于卡通片中的人物形象、文字、玩具、动物等；在设计手法上有多种多样的表达，但主要以简洁有趣的造型和丰富且高纯度的色彩为主。卡通类装饰图案设计主要用于儿童房、游乐园、儿童商业空间等场所。在实际使用中，卡通类装饰图案的选择也非常讲究，在同一个空间中不宜过多，通常不超过两个图案。如果空间中出现三个或三个以上的图案进行混合搭配使用，主图案（A 板）与辅助图案（B 板、C 板）的主次关系、疏密关系、搭配关系要有序合理地运用。否则，空间中过多的图案会给人带来视觉上的混乱。

七、软装物料基础

室内软装设计并不是简单地堆砌软装物料，真正好的软装设计方案必须解决以下问题：如何实现空间功能设置与目标用户的真实需求相匹配？如何打造空间的艺术氛围，使其与目标用户的品位和喜好相符？当我们面对市场上琳琅满目的软装物料时，应该如何选择和欣赏室内环境中我们生活必需的产品或选配装饰品？

以软装物料的性质来分，可以分为两大类：一是实用功能类软装物料，如家具、灯具、纺织品、电器、器皿等，它们以实用功能为主，外观设计种类繁多、风格多样；二是装饰性物料，如艺术品、工艺品、纪念品等，其观赏价值大于实际使用价值，在空间环境中具有点缀与装饰的作用，是空间艺术氛围的重要组成部分。

（一）实用功能类软装物料

1. 家具类

家具是人在空间环境中活动的有效补充，是室内软装物料中重要的组成部分。家具的选择直接影响空间的功能属性、装饰风格及布局尺度等。家具是连接室内空间与用户的媒介，使得原本空盒子状态的室内环境适合人居住、工作及进行其他活动。

家具的样式和发展演变十分繁复（图 2-18）。如果要将家具的知识点分析透彻，会耗费很大的篇幅，而本书的重点并不在此。因此，笔者简单梳理后的分类方式是：中外传统家具、现代简约式家具、现代装饰式家具。中国传统家具有悠久的历史，从商周时期席地而坐的低矮家具样式，到元、明、清时期讲究官品等级和摆放组合的家具形式。外国传统家具主要是指 15 世纪早期文艺复兴和矫饰主义家具，16 世纪下半叶豪情激荡的欧洲巴洛克风格家具，18 世纪奢华靡丽的法兰西与洛可可风格家具等。现代简约式家具主要是指 20 世纪初期以来，在机器化大生产背景下，家具的表面及结构上没有多余的图样装饰，更关注简洁合理的功能化设计，以"实用性"

作为设计标准的家具。现代装饰式家具反对现代主义过于中性无味的设计
理念，在家具设计中融入装饰艺术、摩登风格、高技风格、解构主义、后
现代风格等。

品名：三人沙发　　品名：高背双人床　品名：单人沙发　品名：床尾凳

品名：双人沙发　　品名：贵妃椅　　　品名：吧台椅　品名：桌椅　品名：高背沙发

图 2-18　家具样式

2. 坐具类

坐具即供人坐的用具，凳子、椅子是传统坐具。坐具的基本功能尺寸由
坐高、坐深、坐面倾斜角度、靠背高度等构成，其合理组合直接影响使用者
的舒适度。坐高是一个被支撑起来的平面，一般设置为 360～420 mm，不合理
的坐高设计会导致腿部受压过大，使人产生疲惫感。坐深是人坐姿中臀部与
大腿的重要支撑点，一般设置为 380～420 mm。坐深的设计通常小于人在入座
时大腿的水平长度，以便给小腿留足舒适的活动空间。根据人体工程学的数
据，坐面倾斜角度一般设置为 5°～8°。靠背高度是入座者腰椎的支撑点，其决
定了入座者的上半身能否得到充分支撑。从简单的靠背椅到高背椅，靠背高
度变化非常大。为保持坐具的舒适度，一般靠背高度设置不低于 360 mm。

3. 桌案类

桌案类家具由一个平面及支架组成，主要功能是供人凭倚和支撑物体。
随着人们生活方式的变化，桌案类家具的样式也在发生变化。除了桌、案、
几的概念外，还有台、坛的品类之分。桌子高度通常设置为 720 mm 左右，
具有明确使用功能的家具，如书写、阅读、饮食、会议等，通常与相匹配
的坐具搭配使用。"案"是较为高大的条桌，是桌的一种特殊形式，其高度
通常设置为 1000 mm 左右，主要功能是倚墙陈设物品。"几"按功能可以分
为茶几、案几、香几等，按造型可以分为圆几、方几、条几等，按摆放区
域可以分为边几、角几、背几等。以经常使用的茶几为例，高度设置一般

为 200～500 mm。"台"具有明确的使用功能，如教室讲台、酒店前台、签到台等，可根据际使用需求设置挡屏与收纳。"坛"是桌子的一种特殊衍生品，其主要功能是陈设，如在酒店大堂、天井等处于中央位置。

4. 储物类

储物类家具顾名思义是指用于储藏与陈列物品的家具，主要有橱柜与柜架两种。橱柜类家具按功能可以分为边柜、床头柜、玄关柜、置物柜等（图 2-19）。除收纳功能外，它还具有完善空间布局和美化装饰的作用。柜架类家具相较于橱柜类家具体型略大，在空间软装设计中有独立式柜架和嵌入式柜架两种，具有完善空间布局和美化装饰墙面的作用。特别是在中国传统家具当中，博古架、装饰架在室内的功能地位非常重要。

品名：边柜　　　　品名：床头柜　　　　品名：玄关柜　　　　品名：置物柜

图 2-19　储物类家具

5. 卧具类

床的设计样式与衍生功能从传统（架子床、罗汉床、拔步床）的复杂逐渐发展为现代简约、功能清晰的样式。现代的床通常被理解为一个抬高的大平面，或者仅仅是供人休息的床垫。随着城市的高速发展和居住空间的局限，卧具的衍生功能再次被放大，卧具的形态、结构、使用方式越来越多样化。

6. 灯饰类

灯具作为室内空间中不可或缺的产品，不仅执行空间照明的功能，而且可以在室内环境中营造光的艺术，满足人们在视觉上和心理上的需求。随着工艺与材料的发展，现代的灯具设计更讲究与整体室内空间有机地融合，灯具的造型、光、影达到"三位一体"的效果。在室内软装设计中，灯具样式非常丰富，按使用功能可以分为吊灯、台灯、落地灯、壁灯等（图 2-20）。

室内灯具选择应该遵循以下五大原则：

其一，必须确保室内空间的各项活动或工作能够顺利进行，根据不同活动或工作的需求调配光度，提供一个舒适、轻松、不易疲惫的活动空间。

其二，灯具材料及灯源设置要求绝对安全，加强安全措施和防护设计，

| 品名：吊灯 | 品名：台灯 | 品名：落地灯 | 品名：壁灯 |

图 2-20　灯饰

注意妥善处理通风、散热问题。

其三，灯具应设计合理、合适的光度，光源不能直接裸露，光照度不要过大，要避免眩光损害眼睛和立体物象。

其四，充分利用灯光的照明，展现出室内结构的轮廓、空间、层次，以及展品和装饰物的立体物象。

其五，合理选择灯具光线应传达特殊的展品装饰感，表现展品的纹理、质地、色彩等美感。

7. 纺织品类

软装设计的构成元素包括家具、灯具、纺织品、装饰品等。其中，纺织品所占比例是最大的，如墙布、床品、窗帘、地毯、布艺家具、纺织用品等在空间中所占的视觉比例很高。因此，在进行软装设计时，了解纺织品的品类、功能、材质、工艺特征等，对于软装设计师是非常重要的。

（1）窗帘

窗帘在室内空间中起到挡尘、遮阳、保温、隔音、遮蔽视线等作用，是空间中不可或缺的一部分。窗帘从使用方式上可以分为垂挂式窗帘（垂挂式窗帘款式丰富，有罗马杆式、帘盒式、隐藏式等）、升降式窗帘（罗马帘、电动卷帘）、百叶帘（通常选择非面料材质，如木质、塑料、金属等）。

不同的装饰风格对于窗帘设计有不同的特征要求，具体如下。

欧式风格窗帘款式设计：整体氛围豪华、富丽，充满强烈的动感及丰富的层次感等视觉效果。在工艺设计上，大量运用水波纹、旗纹、花边纹、水钻、拼布等。帘头设计是欧式窗帘的重要表现手段。

新中式窗帘款式设计：与古典中式相比，新中式窗帘款式设计融合了欧式窗帘的样式，更加注重款式的丰富性与层次感；但在造型上仍然保持了中式传统的符号，如中式建筑的外形轮廓线，以及左右对称的造型规律。

现代风格窗帘款式设计：在款式上主要有穿通款和工程款，工艺设计上以不同形式的拼布为主要表现形式。

田园风格窗帘款式设计：绗缝、打褶、荷叶边抽褶、拼布、花边、绑带等是常见的装饰工艺，多用温馨柔软的成套布艺来装点，同时软装和用色非常统一。

（2）地毯

地毯是以棉、麻、毛、丝、草等天然纤维材料或者化学合成纤维类原料，经手工或特殊机械工艺进行编结、裁剪或纺织而成的地面铺设物。其按制作方法分为纯手工编织地毯、机织地毯、手工枪刺地毯等。

按地毯质地分为：①长毛绒地毯，是割绒地毯中最常见的一种，绒头长度一般为 5~10 mm，毯面上浮现一根根断开的绒头，平整而均匀一致。②强捻地毯，或者叫弯头纱地毯。绒头纱的加捻强度较大，毯面有硬实的触感和强劲的弹性，绒头方向自由无序，所以毯面会产生特殊的情调和个性。③平圈绒地毯，绒头呈圈状，地毯表面整齐一致，比割绒的绒头有适度的坚挺性和平滑性。④高低圈绒地毯，由绒纱长度的变化而产生绒圈高低地毯，毯面有高低起伏的层次，同一明度、色系可以形成图案效果和立体感。⑤割/圈绒地毯，一般地毯的割绒部分的高度超过圈绒的高度，在修剪、平整割绒绒头时并不伤及圈绒的绒头。两种绒头混合可组成毯面的几何图案，有素色提花的效果。⑥平面地毯，即在地毯的毯面上没有直立的绒头，产生色织布的表面效果。

地毯按产品形态分为：①满铺地毯，一般用于居室、病房、会议室、办公室、大厅、客房、走廊等多种场合。②块毯，外形呈方形或圆形，块毯多数是机织地毯，做工精细、花形图案复杂多彩。块毯的优势是可以随意铺在地面上，并且不与地面胶合，可以任意、随时铺开或卷起存放。③拼块毯，也称地毯砖，其外形尺寸一般为 500 mm×500 mm、450 mm×450 mm 或者是单位面积类似的长方形。其毯面一般为簇绒类，背衬和中层衬布比较讲究。成品有一定的硬度，铺设时可以与地面黏合，也可以直接铺在地面上。拼块毯的结构稳定，美观大方，毯面可以印花或压成花纹。在实际选用中，拼块毯的优势非常明显，搬运、储藏和随地形拼装、成块更换拼装都十分方便。④马毛地毯可分为两大类：一类是整张马毛毯，另一类是几何拼接马毛毯。

（3）床品

无论是酒店、住宅还是样板房，卧室的主角都是床，而卧室空间中最不可缺少的装饰对象是床上用品。床上用品包含多个品类，包括抱枕、靠枕、枕头、被单、被套、被子、毯子、床单、床笠、床裙、床罩、床盖、席子等。床上用品的尺寸主要取决于床体的尺寸，常规的尺寸有：1200 mm×2000 mm 的单人床，1500 mm/1800 mm/2000 mm×2000 mm 的双人床。被套用于装入被芯，在人们睡眠时是最直接与人体接触的部分，主要以棉质材料为主，舒适的同时具有保暖的作用。床单/床笠用于床垫之上，主要起到保洁作用，便于拆卸清洗。床单与床笠的使用功能是一样的，只是产品结构不同。床单一般只是片状，铺陈在床垫上，余下部分自然下垂或嵌入床垫中。床裙主要遮盖在床的左右两边及床尾三个侧面，同时具备挡尘和装饰作用。床盖的尺寸一般比床体和被套大得多，主要的功能是在不使用床的时候覆盖在床上，用于遮挡灰尘。

（二）装饰功能类软装物料

1. 器皿类

生活器皿的种类非常多，如供茶室使用的茶具、供厨房使用的炊具、供餐厅使用的餐具等。同时，这些器皿所涉及的材料也很多，有玻璃、陶瓷、塑料、金属、原木、竹子等。选用不同的材质能产生不同的装饰效果，如金属材质的现代感、玻璃的晶莹通透、陶瓷的洁净细腻、竹木材质的朴实自然等。在软装设计中，如何选择各类生活器皿进行组合搭配取决于整体设计方案的风格定位及成本预算。

2. 挂饰类

挂饰作为墙面装饰的一种艺术，是室内空间中三个维度（地面、立面、顶面）中立面装饰效果的重点表现部分，在软装设计的整体氛围中占有很重要的位置。从产品的种类来看，其可大致分为装置型挂饰、实物类挂画（图 2-21）、平面类挂画。

图 2-21 实物类挂画
图片来源：广州田钰工艺品有限公司

装置型挂饰与其他两个品类区别较大，其是一种实物拼合的艺术，造型、材料、结构和组合样式非常丰富，不受外延画框尺寸的限制。装置型挂饰严格来讲是装置艺术品放置在墙面上的一种，是一种环境艺术。它不仅仅是孤零零地放置于墙面供人静观的饰品，而是与周边环境及参观者有密切关系的环境装置品。实物类挂画种类丰富、形式多样，主要有镶嵌画、羽毛画、贝雕画、树皮画、金属画、器皿画等。实物类挂画与平面类挂画相同的是画芯设计趋于平面，大多数作品都有合适的画框进行装裱。最大的区别是，平面类挂画的画芯主要是由颜料、油墨绘制的，而实物类挂画的画芯材料多为实物材料组合或实物材料二次加工而成。平面类挂画同样种类丰富、形式多样，包括中国画、油画、水彩画、漆画、版画、印刷画、招贴画等。例如，中国画是中国传统的绘画品种，重意不重形。在软装设计中，应根据室内空间的性质、风格及客户的需求、行为确定中国画的内容、样式和派系。又如，漆画是以天然的大漆作为主要材料，结合绘画手法和工艺特点，具有双重属性，其画面效果富有生活气息，装饰性和艺术性都很强。印刷画是机器化大生产衍生的产物，画面效果丰富多样，可以是中国画、水彩画、版画、实景画等，价格较低廉，适用于中低端的酒店、会所、娱乐等公共空间。

挂饰的悬挂高度在常规居住空间中，一般悬挂后的画面中心与人站立时的视平线高度一致。可以根据实际墙面尺寸、空间大小、挂饰尺寸及观赏最佳距离的不同，对作品的悬挂高度和位置进行适度调整。如果在空间进深较大的地方放置挂饰，建议将画的整体高度适当向上调整，因为人们在远距离观赏作品时总会将视线向上移动。除此之外，挂饰还讲究垂直、平行、等距、疏密等关系的合理设置。

3. 饰品类

软装饰品是指本身不具有实用功能、纯粹作为观赏用途的装饰物。例如，瓷器、雕塑、摆件或者纪念品、收藏品等（图 2-22），它们要么有很

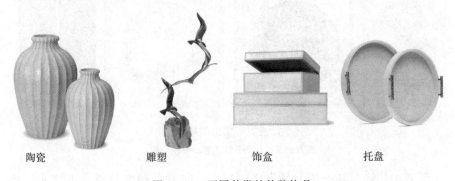

陶瓷　　　　　　雕塑　　　　　　饰盒　　　　　　托盘

图 2-22　不同种类的软装饰品

高的纪念价值，要么有很高的观赏价值，能提升空间的视觉效果，装饰美化空间环境，营造一定的文化艺术氛围。在软装设计中，饰品的选择要结合室内整体风格进行考虑，起到画龙点睛的效果。

4. 花卉类

现代人对自然环境的崇尚越来越强，希望在工作及居住的室内外融入更多的自然元素，如绿色植物、流水、鲜花、自然光线等。因此，在有限的环境中将自然元素移植到室内是最为常见的手法之一。这种手法不仅可以净化室内空气，使室内环境变得生机勃勃、清新雅致，还可以抚平人们浮躁的内心。

花卉从种类上可以分为盆栽、盆景、插花等；从观赏角度可以分为观叶、观花、观果三种；从制作工艺上可以分为真实花卉和手工花卉两种。不同的种类及材质在空间中的装饰效果不同，因此，选择花卉产品时需要注意与室内的装饰风格协调。中国传统的盆景花卉重视意境的创造和人文思想的表达，适合淡雅的中式、新中式风格空间使用。日本的插花十分讲究，无论是花卉的形态、色彩还是构图，都要求体现意境，表达禅学的味道。

八、配套设计基础

软装配套设计是一个综合的知识体系，可以是单一品类内的配套设计，如床上用品的配套设计；也可以是多品类间的配套设计，如沙发与窗帘的配套设计；还可以是整体空间的配套设计，即所有软装物料的设计或选择以达到配套效果。掌握软装配套设计的技能不是一件容易的事，设计师需掌握各种彼此关联的创意家品（涵盖硬质家具、布艺产品、软包家具、装饰品、挂饰等）的系列设计方法。在空间设计中，墙纸及外延产品的配套同样重要，它强调图案之间的相互关联和层次感（图 2-23）。与单独产品的设计不同的是，配套设计更注重把握各系列产品之间的相关性，横向做好产品群的开发，考虑产品的整体使用环境、使用功能等。系列化设计涉及多方面的家居用品领域，配套设计作品还应当具有生产可行性（所设计的产品能够被实际制作出来）、可重复性（所设计的产品具有可被批量生产的潜质）以及系列性（所设计的产品能够被不断延展出更多类别的产品）。

如果从学习配套设计的角度分析，我们可以通过对具体课题的研究，

图 2-23 时尚墙纸及外延产品配套设计

图片来源：叶龙平、秋锐柳

掌握限定性设计的程序、方法及表现手段。一方面，可以通过实际课题培养我们在市场实践方面的能力，例如选定一个商业空间进行模拟的系列配套设计，包括空间定位、产品定价、工艺、材料、风格及对该项目的经营情况进行全面分析，加强收集和处理各类信息的能力、设计定位的能力、设计管理与协调合作的能力，学会整合各种设计资源来表达设计理念和达成设计目标。另一方面，遵循理论联系实际、接受理论知识与培养实际操作能力相结合的原则，以产品及空间的整体配套设计为目标，从使用功能、装饰用途、整体应用效果及整体展示包装的形态来进行配套产品设计，以培养处理各项问题的综合能力。

软装中的配套设计特别强调"立意"，指的是设计师对整体软装设计方案所呈现的装饰风格、色彩搭配、材料运用等布置在室内环境中所形成的艺术氛围及诸多因素的总体构想，同时也是整个设计方案建立的依据。软装设计最容易产生的问题是设计出来的东西给人堆砌、拼凑的感觉，缺乏系统的配套设计理念。而"立意"的设计依据是贯穿整个空间的，无论设计方案是趋于单一装饰风格的和谐衍生，还是多元装饰风格混搭设计，"立意"的关键作用时刻牵动着设计方向，使其处于协调一致、合乎理想的整体软装配套概念中。

软装设计的"立意"与艺术创作一样，可能来源于西方古代宫廷的富丽堂皇、东方古典园林的意境清幽、西域文化的豪情激荡、华夏文明的仁义礼智信。有了明确的设计立意构想，在进行具体方案设计阶段，最重要的是对各种素材进行分析与研究，从中提炼出最具代表性的"韵味"意境，而这个"韵味"意境应始终贯穿整个方案设计过程。如果要量化这个"韵味"意境的内容，那么色彩搭配、纹样造型、材料质感这三个因素是最能体现的。本书前面章节已对色彩搭配、纹样造型、材料质感进行了详细的分析对比，下面只针对配套设计的知识点作简单补充，不作详细的描述。

色彩作为最能在室内环境中营造氛围的元素，可以让人产生丰富的想象和不同的感觉。不同的色彩搭配在室内环境中能让人产生进退感、涨缩感及季节变化感，也会引起人们情绪的波动，如红色的热烈喜庆、蓝色的平静压抑、紫色的神秘异域、粉色的浪漫童真等。在基于目标客户需求的软装设计方案中，色彩的定位需要与环境中使用者的生理需求和心理需求达成一致。另外，软装设计中色彩搭配的"立意"除了考虑自身的属性，还要考虑地域环境的差异所带来的文化习俗、空间中使用区域的功能属性、室内环境的局限性因素等。

纹样造型及其构成形式，是软装设计中最能体现装饰风格的因素，特别是在布艺产品和墙面装饰物的纹样选择上。在软装设计方案中，"立意"的纹样题材及构成方式使人产生不同的视觉想象和心理反应。从图案题材方面来看，传统的、现代的、具象的、抽象的或者是卡通类型的图案在软装设计中要根据"立意"的依据进行具体设计。不同的图案题材所代表的装饰意境是截然不同的，如有序的几何图案令人产生平稳、明快的感觉；写实的花卉类图案让人感觉精致、轻松；传统装饰性的纹样显得繁复、典雅、高贵（图 2-24、图 2-25）。从元素构成方式来看，垂直构图给人高耸、挺拔、空间向上延伸的感觉；水平构图给人平稳、流畅、空间横向延伸的感觉；斜向构图给人不稳、运动、空间产生错视效果的感觉。除此之外，纹样的构成方式还有很多种，如散点式构图、渐变式排列构图、旋转式构图、发射式构图等。纹样造型在软装设计中有各种各样的使用形式，基本上遵循整体纹样配置上的主次关系，各类软装物料在视觉图案的选择和排列上，要做到疏密、大小、形态有序变化，呈现出来的整体视觉效果既要统一又要有变化，整体有系列感，又不失活跃。

图 2-24 传统装饰纹样（1）

图片来源：徐诗颖

图 2-25 传统装饰纹样（2）

图片来源：徐诗颖

材料质感是软装物料表层或截面所呈现出来的凹凸起伏及自然纹理效果，是除了物体色彩、纹样外，空间氛围营造的重要因素。换句话说，软装物料通过运用不同的材料质地、构造方式、后处理工艺手法，可以使软装物品表面产生不同的质地，以营造不同的艺术语境。软装物品的质地主要有金属、陶瓷、塑料、玻璃、木材、石材、织物等。而每个品类的质地效果也有很大差别，如金属有电镀、拉丝、烤漆等；瓷器有骨瓷、陶瓷等；织物有高精密提花面料、刺绣面料、色织布等。通过软装物品表面质地的光滑度、粗糙度、柔软度、硬挺度、起绒度、起伏度等变化而产生的视觉效果及触感效应的变化，是色彩和图案表达无法实现的。近年来，人们对空间环境的追求从富丽堂皇的装饰风格向"回归自然""崇尚原始"的艺术表达转移，对于室内环境中过于工业化、由装饰图纹包装的产品逐渐减少使用，而趋于寻求一些自然肌理的视觉效果和具有舒适"触感"的装饰物品。

九、平面设计基础

平面设计是一门综合性的基础学科，与各个设计专业有着密切的联系。对平面设计基础的认识，不同的学者有不同的看法，可以将其拆解为点、线、面、体，也可以拆解为线条、字体、图形、肌理。在软装设计中，平面设计在方案设计过程及方案演示中起着至关重要的作用，是为甲方呈现设计理念和沟通方案细节的重要手段。然而，一般的软装设计师的专业背景通常不是视觉传达专业，因此，在使用平面设计相关知识时存在明显短板；软装设计师也难以将平面设计这一独立且综合的学科完整掌握，应重点选择对软装设计过程中影响最关键、最直接的设计因素进行有目的的学习。从平面设计的基础要素——字体、图形、色彩、版式四个部分来看，字体和图形在软装设计方案中所占的比例较小，主要用于一些重点信息的标注功能；色彩部分基本不作其他考虑，一般基于软装设计方案内容进行设计；版式设计决定着软装物料摆放的位置，包含版面的空间语言、版面的视觉语言、版面的形式美学等内容，是在软装设计方案表达中最关键、最直接的基础元素。

（一）设计要素之字体

字体是平面设计的基础要素之一，其主要功能是准确地传播和表达信息。字体也可以作为一种视觉符号，除了承载与传播信息，还能够起到表达思想情感、营造文化语境的作用。从字体库的基本构成元素来看，在平面设计中主要运用两种字体：一类是代表中华民族上下五千年悠久历史文化的书法体系，如隶书、行书、草书、楷书等；另一类是象征西方历史文明的拉丁文字体系，如古罗马体、哥特体、安色尔字体、现代罗马体等。随着科技及计算机的出现，字体设计已经从单一的手写体发展到手写与电脑制作共存的状态，如黑体、彩云体、造字工房系列、Arial、Arial Black、Times New Roman 等。

1. 字体的情感表达

字体是由不同的笔画组合而成的，如横、竖、撇、点、折等。不同的字体会产生不同的情感象征，如平滑流畅的曲线拉丁文字体更容易表达温柔、细腻、典雅的情感，而线条粗壮、轮廓尖锐的中文字体更容易表达自信、可靠、庄重的情感。因此，设计师要了解不同字体的情感特征，根据设计方案的具体理念选择合适的字体进行搭配，才能更好地衬托整体设计方案。

2. 字体的自然属性

在平面设计中，不同字体的单位、字间距、行间距均有不同。在软装设计方案版面中常常出现段落文字，这时候就要考虑字体字间距和行间距的大小。字间距及行间距设置过小会导致沉闷、压迫的感觉；字间距及行间距设置过大会导致浏览不顺畅、连贯性弱的问题。

(二) 设计要素之图形

图形同样是平面设计中的基础要素之一，是除了文字表达外最能直接、最准确传达信息的载体。图形可以说是一种视觉艺术，其传播特征具有直观性和有效性，同时不受地域文化、语言差异等条件的限制。图形的表达比文字更直接、明了，并且具有视觉冲击力，而文字需要通过详细阅读和思考才能识别内容。在软装设计方案中，图形的使用经常是搭配文字进行封面设计、封底设计、版头设计等，起到衬托和辅助的作用。在平面设计中，一切以图画形式表达的视觉内容都可以被认为是图形。图形的表现形式非常丰富，可以是具象图形、抽象图形，也可以是彩色图形或无色图形等。就图形的种类而言，图形可以分为插图、摄影图、装饰图、标识图、象征符号图等。现代图形设计的主要目的是传递信息。现代图形符号的设计不仅仅是简单的标识和出于审美装饰目的，而是对来源元素及文化属性的深度提炼和融合后，表达设计内容的独特性及深刻含义，这也是与设计方案"形意相应"的设计理念。数码技术的发展极大地方便了图像的提取和再设计，设计师可以根据设计的需求对数码图片、图形进行裁剪。

(三) 设计要素之色彩

色彩是平面设计中的基础要素之一，在平面设计中色彩的选择与搭配效果扮演着重要的角色。色彩用其独特的魅力赋予事物美的形象，假如世间万物没有色彩，世界会变得索然无味。色彩在不同的色相、明度、纯度比例调配下，不仅可以承载信息传达、情感传递及功能指示等多方面的附加功能，还能在软装设计中唤起顾客的精神愉悦感，满足顾客的消费欲望。

1. 色彩的节奏感

色彩的节奏感是色彩形式美的体现，主要通过色彩块面的聚散、重叠、重复、转变等方式来表达色彩的韵律感及节奏感。具体的设计手法主要有三种。①重复性，主要是利用色彩最基础的点、线、面等元素的反复出现，力求画面达到统一、和谐，从而产生视觉秩序上的美感。②渐变性，将色彩按照一定的线性规律进行排列组合，使画面元素产生柔和、有序的排列。③多元化，画面运用这种类型进行设计，色彩变化较丰富、形式多样化，但元素形式变化多样，具体使用时要特别谨慎，避免出现杂乱无章的情况。

2. 色彩输出的差异

当前计算机设备的成像技术特点及打印机墨水的差异，使得设计方案的色彩呈现效果给设计师和客户带来不少麻烦。通常色彩在屏幕上的呈现总是比印刷出来的效果更加鲜艳明亮，以至于设计完方案后需要多次打印调试才能接近理想效果。虽然各个行业都有统一标准的色标（如PANTONE），但方案的色彩呈现仍然没有统一的标准。要完全避免色彩上的差异是不可能的，设计师只能通过一些辅助手段和多年积累的经验进行补救，如尽可能根据印刷方提供的色样进行调色；使用 C、M、Y、K值调配色彩；明确所使用的印刷底材，并务必在印刷前进行多次打样与调整。

（四）设计要素之版式

版式设计可以说是平面设计的首要问题。版式的设置贯穿设计的全过程，它不仅要组织、平衡各个设计要素之间的关系，还要承担营造画面视觉上的创意性和可行性任务。王友江在《平面设计基础》一书中将版式设计定义为：在一个版面中，对有限的视觉元素进行有机的排列组合，是集理性思维及个性表达的艺术效果呈现，不仅能传达信息，而且在视觉上也会产生美感。

1. 版式设计的空间语言

文字、图形、色彩、空间构成版面设计的基本要素，在一个有限的平面空间内，各个要素组成一个和谐的整体。通过把握视觉流程的节奏感和韵律感，有目的地将版式设计的视觉效果形成某种特定的情调，牵动人的情绪，引起观者对设计方案的共鸣。节奏感可以说是人视觉心理活动的"运动秩序"，是经过人为调整后，视觉元素在空间中持续有规律的虚实、强弱变化。韵律感是在节奏感的前提下，超越现实形状、色彩、大小的意境艺术，使所设计的作品更加生动优美、富有变化，是更加高级的空间语言艺术表现形式。

2. 版式设计的视觉流程

版式设计中，版面视觉元素的比例构成是关键，合理的画面构成设置决定了画面信息表达的准确性。人体器官的视觉特性决定了视觉流程。人在获取信息或观察事物时，视觉总会有一种自然流动的习惯，一般的规律是从上到下、从左到右，整个视觉流动方向呈现出由左上方向右下方弧线移动的路径，从动态元素到静态元素、从明度高到明度低、从信息密集到信息稀疏。因此，人在信息获取中先看什么、后看什么、再看什么的视觉逻辑是有规律的，是一种本能的生理反应。版式设计中优秀的视觉流程，要符合人对事物认识过程的心理秩序和思维发展的逻辑顺序。

第三章　软装设计具体流程

软装设计项目一般分为以下几个阶段：项目的接洽与分析；项目具体设计与表达；项目施工与验收。软装设计这三个阶段呈阶梯式发展，其中的设计流程是紧密相连的。本章主要介绍的是第一阶段的项目接洽与分析相关内容，这是项目设计的来源。

一、项目分析与评估

在对项目具体信息进行分析与评估之前，设计师必须了解软装设计项目的来源和性质。就目前市场的情况来看，具体有以下几个类别：有一定规模的企业会建立自己的公关团队或业务员；软装硬装一体化服务的企业将软装设计项目内部消化；业主或甲方直接或间接委托独立设计师进行设计。不同的项目来源及不同的设计方在具体的设计过程中操作会有所不同。除了具体操作不同，在项目进行具体设计之前，更重要的是了解项目的具体信息与甲方的预期目标。如果是有一定规模的甲方，通常这些信息甲方会以正式项目设计任务书的形式，将本次项目的具体信息与要求以书面形式提出来，具体内容包括项目概况、设计目标、投入预算、设计内容、时间节点、最终评价标准等。对设计方而言，项目设计任务书的内容越详细，对后续的设计工作越有帮助，同时也能帮助设计师明确设计定位，避免偏离方向。了解项目设计任务书的基本情况后，如果有条件的话，设计师应与甲方当面进行交流。在交谈中，通过有意地引导双方的交流内容，从中确定甲方对本次项目最终呈现的设计风格、色彩搭配、材料质感等的喜好。这些点状、线状的信息都将是后续进行设计的依据，也是评估设计方案是否符合甲方要求的依据。

二、资料整理与提炼

资料整理与提炼是软装设计中非常重要的一步。每个项目的设计都有自己的特点，在项目设计前进行资料整理与提炼是非常重要的工作，尤其是从多个方面对项目的具体情况进行综合分析，包括甲方的要求、品牌定位、地域文化、消费者需求等。这些有价值的信息主要源自于三个部分的调研：项目基本概况分析、同类型案例研究、区域风俗文化分析。

（一）项目基本概况分析

位置、开发商、目标都是项目的基本概况，设计师应在这些有限的词语中进行深入调研与提炼关键词。以一个教学案例（洲上有民）餐厅软装设计进行讲解。项目位于广州市番禺区长洲岛，岛长约 4.2 公里，宽约 2.1公里，陆地面积 7.23 平方公里，略呈东北至西南走向。岛上旅游资源丰富，具体可分为几类（图 3-1）。

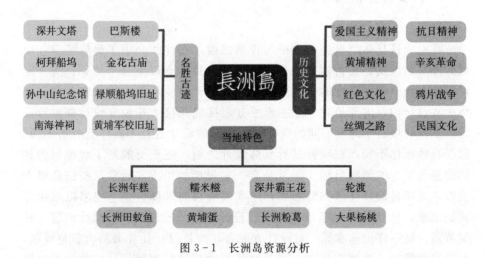

图 3-1　长洲岛资源分析

1. 历史文化古迹类

包括巴斯楼、柯拜船坞、禄顺船坞旧址、外国人墓地、深井文塔、凌氏大宗祠、曾氏大宗祠、金花古庙、南海神祠、黄埔军校旧址、孙中山纪念馆等。

2. 自然风光类

长洲是江心岛，绿色覆盖率甚高，尤似海上盆景。岛上河道纵横，除本岛外还有娥媚沙、洪圣沙、白兔沙及大吉沙等沙洲，这些沙洲低矮平坦，水涌纵横，岭南水乡特色浓郁。中山公园、圣堂山公园、环岛长堤、钓鱼台度假村等都是休闲的好去处。

3. 土特产类

长洲还是个农业耕作区域，因此有不少特产：深井霸王花、糯米糍、长洲粉葛、长洲香蕉、长洲大果杨桃及龙眼、黄皮等。此外，长洲的黄埔蛋、长洲年糕、长洲田蚊鱼也很著名。

从调研数据上看（图3-2），来岛游玩的女性占比较多，大致为60%，且年龄集中在18～30岁。通过进一步的调查发现，来岛游玩的女性偏向于精致、有特色、性价比高的活动场所。通过融合当地传统的邻里文化及民国建筑装饰的艺术形式，打造独一无二同时充分折射出周边邻里文化的高端新式民国风餐厅。

■ 人群数据分析

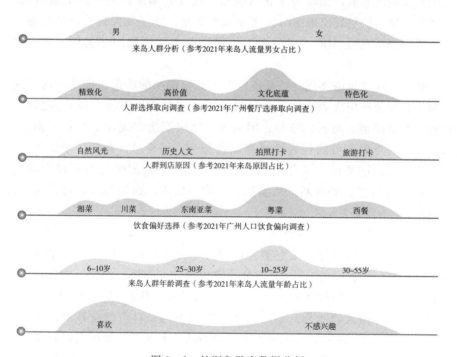

图3-2 长洲岛游客数据分析

（二）同类型案例研究

在软装设计中，对相邻区域的同类型案例进行研究作用很大，不仅可以获得该区域的一些客观数据信息，如整体区域定位情况、同类型品牌经营状态、目标用户群体分布、当地风俗文化特征等，还可以直接进行差异化设计并填补市场空缺。为了更好地了解项目所在地的具体信息，并为后续设计提供可靠的依据，同类型案例分析可以分为两个方面进行。一是同一区域同一类型项目分析，目的是了解该区域直接竞争对象的情况及其优缺点；二是不同区域同类型优质项目分析，目的是通过分析真实案例的竞争优势，帮助并引导甲方理解项目未来的设计方向。如何做好同类型案例的分析是我们关注的重点。在地理环境方面，可以从气候、地貌、地形、经度、纬度等进行分析；在人文因素方面，可以从传统文化、风俗习惯、装饰图腾、民族构成等进行分析；在社会因素方面，可以从经济、产业、政策、社会需求等进行分析。

（三）区域风俗文化分析

区域风俗文化分析侧重于人文因素方面的研究，包括区域的历史文化、风俗习惯、装饰图腾、民族构成等特征。设计师应挖掘区域内最能代表或反映其本质的元素，如岭南文化与性格特征在岭南地区的建筑上就有很好的体现，建筑所呈现出来的海洋文化或水文化，建筑与大自然环境的融合，建筑灵活变通的设计形式等，无不体现岭南人及建筑的务实性、兼容性、创新性。

此外，区域风俗文化的特征还有三个不同层次的表现，即浅层次表现、中层次表现及高层次表现。①浅层次表现，主要体现在物质技术方面的特征较多，如造型、材料、结构、图案等；②中层次表现，是经过摸索、综合、提炼后得到认可的代表性或典型性特征，如符号、象征、手法等；③高层次表现，这是深入文化内涵的表现形式，不是短时间内可以形成的，它需要经过相当长的时间，从实践、摸索、创造，到再实践、再摸索、再创造。

（四）功能空间的分析研究

室内设计大体可分为住宅类室内设计，公共空间室内设计（学校、医院、办公楼、幼儿园等），开放性公共室内设计（宾馆、饭店、影剧院、商场、车站等）和专门性室内设计（汽车、船舶和飞机）。类型不同，设计内容与要求也有很大的差异。空间功能属性的不同，对室内设计的需求导向也有所不同（图3-3），如私密性要求较高的住宅与开放型的公共场所。因此，进行软装设计时务必基于准确的室内基本属性。同一个大空间内不同的功能划分会导致具体使用功能的不同，如家居生活空间可以细分成会客厅、餐厅、卧室、书房、厨房、卫浴、阳台等。

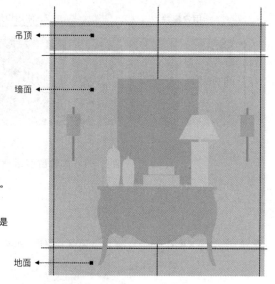

玄关&入户厅

1. 较强的使用功能
玄关不但可以换衣、换鞋、放包、放钥匙等
小物品，而且还可以起到延伸空间的效果。

2. 视觉屏障作用
从视觉屏障上来说，玄关对户外的视线有屏
障作用。此外，还能保证用户的隐私。

3. 保温作用
避免人们在进出时寒冷的空气直接进入室内，
影响室内的温度。此外，玄关还有美化空间的效果。

4. 艺术价值
是人们陈列展示物品（收藏、个性）的空间区域，是
用户文化、艺术修养的第一视点体现。

吊顶

墙面

地面

图 3-3　室内设计的功能空间分析

（五）装饰风格的分析研究

装饰风格，也称设计风格，是房屋装修整体特点的表现。装饰风格的确立让设计师更容易把握设计的立足点。装饰风格分类较多，不同的风格还会相互影响。装饰风格可分为现代简约风格、田园风格、后现代风格、中式风格、新中式风格、地中海风格、东南亚风格、美式风格、新古典风格、日式风格等。与此同时，不同的企业对室内装饰艺术的类型划分也有不同的理解。随着整个行业链的发展变化，高端项目设计的具体风格归类也逐渐模糊，更偏向于标新立异的定制化艺术效果与命名。

（六）目标用户分析研究

目标用户分析研究侧重于对具体空间使用者或使用人群进行心理、行为分析，以笔者与广州美术学院刘毅老师共同参与的一个大型邮轮设计研究课题——对邮轮游客活动习惯的研究分析为例（图3-4、图3-5）。虽然邮轮空间与室内空间在实际尺度和真实感受上均有很大区别，游客在邮轮空间上所受到的限制性约束更多，但目标用户分析研究方法是相同的。

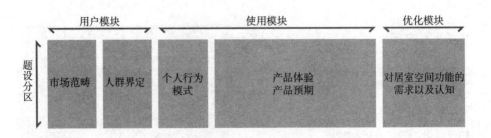

图 3 - 4　邮轮游客活动习惯调研

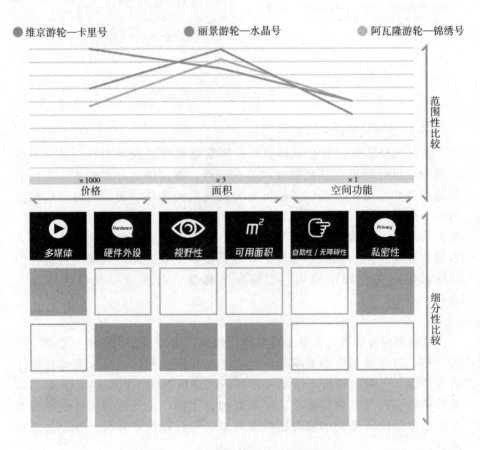

图 3 - 5　邮轮游客活动习惯调研

1. 研究目的

了解游客在邮轮中的行为，以及在邮轮的场景下，游客在各种特殊场域下出现约束的原因，最终导致用户行为特征的差异。

2. 研究方法

（1）影随法。研究人员跟踪游客一段时间并做好观察记录。这种研究方法与其他研究方法不同，这样获得的数据更加可信，因为是在真实的用户环境中观察所得的。这种研究方法是一种开放性的研究方法，研究人员还会调查一些实际问题，但都没有明确导向，在用户进行自由活动时自然地获取信息。

（2）结合上下文背景进行实地访谈。实地访谈本是人类学的研究技术，在用户所在的真实环境中进行一对一的交流。访谈是半结构化的。也就是说，研究人员要提前准备好问题，并根据用户的具体反应调整访谈脚本。影随法需要设计师一整天都跟着用户，并且很可能需要跑好几个地方。实地访谈仅需要1～2个小时，并且不必来回奔波（只在一地进行访谈）。由于实地访谈的时间和背景有限，也可以选择日记分析作为该方法的补充。

（3）日记分析法。日记分析法将数据收集的工作转嫁到用户身上。与影随法中，研究人员一整天都要跟踪用户不同，日记分析法中，用户可以自己记录他们一天或几天的活动内容。日记分析法适用于以下情形：其一，记录所需要的数据是非常容易的。其二，所要研究的应用是时断时续地使用的，并且需要收集较长时间的用户数据。其三，需要一种对用户生活不形成干扰的方式来收集信息。虽然该方法可以发现很有价值的成果，但是也有不少缺憾：第一，用户可能会漏掉在他们自己看来很琐碎，但是对于研究人员很重要的活动。例如，有位用户将照片下载到他的电脑上修改效果，但是他在日记中并未记录该项活动。第二，如果用户在行进过程中停下来记录他们的活动，会对固有的生活造成很大的干扰，并且也是很不实际的，如当用户驾车或外出就餐时。第三，日记分析法很难探测到行为背后的原因及详细做法。由于存在以上缺点，研究人员常常将日记分析法与其他方法（如实地访谈法）搭配使用。

3. 研究预期结果

第一，清晰的用户画像：获得游客在邮轮上的活动习惯数据，并据此数据定义用户的分类画像。第二，用户行为数据库：根据此研究获得用户的行为数据，并以此建立邮轮限制性条件下的用户行为数据库。该数据库可为后续研究提供设计支持。

三、概念设计与表达

软装艺术设计的概念与表达可分为设计概念的来源和设计概念的表达两个部分。设计概念的来源应综合项目多方因素进行整理提炼，主要是从项目的基本概况和区域风俗文化的多层次表现出发。设计概念确定后，设计概念的表达有以下几种方式。①软装手绘草图，是一种非常实用且快速明了的设计工具，在研究软装概念和寻找设计方向时可利用草图处理软装各类产品与空间环境的关系，特别是在软装设计初期阶段及与甲方初步交流时。②软装艺术氛围图，也可以称作软装设计风格板，通过精致的搭配形成一定格调的艺术氛围、统一的材质搭配、协调的色彩搭配。③平面布局图，在软装方案概念设计阶段，甲方会提供硬装公司绘制的施工图，而且大部分都有简单的家具饰品布置。不过，平面图上的布置只起到参考作用，很多设计细节都存在不足且与后续软装设计概念所呈现的装饰特点不一致，因此，在软装概念设计中对平面图进行再设计或重新调整是非常必要的。

四、合同拟定与签署

合同拟定与签署的目的是维护合同双方的利益，降低过程中产生的风险，最终保证项目正常进行。

合同一般包括以下条款：

1. 当事人的名称或者姓名和住所；

2. 标的；

3. 数量；

4. 质量；

5. 价款或者报酬；

6. 履行期限、地点和方式；

7. 违约责任；

8. 解决争议的方法。

某艺术涂料直营店软装设计工程合同书

项目编号：******

项目名称：******

项目委托方：******（下称软装项目甲方）

项目受托方：******（下称软装项目乙方）

兹有甲方委托乙方承担******艺术涂料直营店软装设计工程项目展厅软装艺术设计、定制、采购、摆场工作，经双方协商一致签订本合同如下：

第一条，工程地点：******

第二条，工程项目：******艺术涂料直营店软装设计工程

第三条，工程内容（详细内容见附件******）

1. 家具，2. 灯具，3. 纺织品，4. 装饰品，5. 挂饰，6. ******

第四条，工期

1. 软装产品采购及定制阶段：合同签订，乙方确认甲方的预付款后，25～30个工作日内完成所有采购及定制工作。

2. 软装产品安装摆场阶段：采购及定制工作完成后，乙方应在甲方现场的硬装饰施工完成且清洁完毕后两天内，到达现场进行安装、摆场工作。

3. 软装项目完成工期：****** 年 ****** 月 ****** 日

第五条，工程费用

本项目工程费用总计（大写）：人民币 * 万 * 仟 * 佰元整，（小写）：****** 元（报价明细详见附件）

该工程费用中包含：

1. 设计费

2. 管理、采购成本费

3. 税费

第六条，项目费用给付进度要求

1. 本合同签订之日起三天内，甲方预付费用总金额的30％，即人民币 ****** 元。

2. 项目摆放安装工程完成后，甲乙双方在同一天进行交接验收，并在验收完成后，甲方需在15个工作日内付清总项目款的95％，即人民币 *** *** 元。

3. 项目总费用的5％作为本次工程的质量保证金，即人民币 ****** 元，在保修期满后180个工作日内支付给乙方。

第七条，项目货物接收及摆放历程配合

1. 货物接收存放

1）乙方采购的货物到达项目所在地时，甲方协助乙方安排相应货物的接收与存放。

2）甲方协助乙方对项目所有货物的存放与清点工作。

2. 甲方在乙方布场过程中的配合工作

1）确保所有与工程无关的人员清离现场，且在摆场过程中禁止非工作人员进出。

2）负责安排木工、电工在现场协调工作。

3）负责安排清洁工在摆放过程中随时配合设计师进行现场、家具和饰品的清洁与维护。

4）甲方需派一名项目对接人与乙方进行实时对接，协助处理现场出现的一些突发事件。

第八条，甲方在项目中的责任及权利

1. 甲方应按本合同第六条规定的金额和时间支付进度款，甲方延迟支付费用的，应按日未付额的1‰支付违约金。

2. 甲方需派一名主要负责人跟踪项目的整个过程，直到项目结束付清尾款。

3. 如是甲方原因导致工程不能如期完成，乙方不承担任何责任。

4. 如果在合同生效后，甲方无正当理由提出中止或解除合同，应赔偿乙方损失，并承担工程款10%的违约金，且乙方不退还已付的款项。

5. 项目物料摆放结束后，甲方应负责保护好现场工程成果，如有人损坏，乙方应协助修复，甲方承担相关费用。

第九条，乙方责任权利

1. 如甲方不能及时支付进度款，乙方有权顺延工作进度，顺延时间不计入本合同约定的工期。

2. 本合同生效后，乙方无正当理由解除合同的，应退还甲方上一阶段已付款并承担10%的违约金。

3. 乙方提供的软装物料如果存在质量问题，应无偿更新，并承担相关费用。

4. 如因遇到不可抗力因素而造成延期的，乙方不承担责任。

5. 因采购的家具、饰品等涉及美观认知，如在此方面出现争议，乙方应与甲方协商，并尽可能满足甲方的意图进行搭配。

第十条，质量保证及验收

1. 双方将约定的要求内容（甲方确认过的设计方案）作为验收依据。

2. 甲方在乙方摆场完毕后进行交换，如甲方在 7 天内无正当理由不进行验收，视为验收合格。

3. 乙方承担质量保证期为半年。

第十一条，其他事项

1. 本协议在履行过程中如发生纠纷，甲乙双方应及时协商解决，或联系相关部门进行调解。

2. 本协议未尽事宜，双方可签订补充协议作为附件，补充协议与本协议具有同等效力。

3. 本合同于双方履行完毕各自义务时自动终止。

4. 本合同一式 2 份，甲方持 1 份，乙方持 1 份，具有同等法律效力。

甲方：　　　　　　　　　　　　乙方：

公司：　　　　　　　　　　　　公司：

法定代表人：　　　　　　　　　法定代表人：

地址：　　　　　　　　　　　　地址：

日期：　　年　　月　　日　　　日期：　　年　　月　　日

五、室内软装设计流程

国外的室内软装设计工作基本上是与硬装设计同步进行的，确切地说，国外并不把空间设计细分为室内硬装设计与室内软装设计两部分。国内的操作流程中，软装设计部分基本上是在硬装设计完成后，再由软装设计公司根据硬装设计现状进行软装方案设计。因此，经常出现同一个项目的软装设计公司与硬装设计公司是两个不同公司的情况。出现这种情况的原因主要有两方面：一方面是国内软装设计对接商业项目，如酒店、会所、样板间、餐饮店等全方位、高标准的空间需求所产生的各专业细分；另一方面是国内室内设计师没有形成一套优质且完整的设计标准与流程，设计从业人员所掌握的知识也是零散的，没有足够的理论及知识形成完整的空间设计体系。不过，设计机构与设计师也早早意识到这个问题的存在与严重性，较大型或有实力的设计机构已经在硬装设计与软装设计人员建设和项目拓展方面共同推进。

软装设计基本流程如图 3-6 所示。

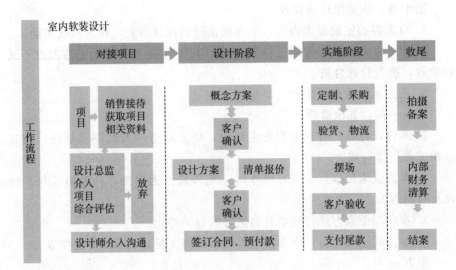

图 3-6　软装设计基本流程

1.项目对接与综合评估

项目经理接待客户并获取项目相关资料,从而了解客户的基本要求,包括项目所在地、项目造价、时间规划、预期效果等;初步调研项目基本情况,商业项目包括项目性质、规模大小、技术难点、项目预算等,住宅项目包括项目预算、需求分析、家庭情况、年龄层次、品位喜好等。

2.图纸分析和空间测量

提前整理客户提供的基础图纸,分析是否有模糊不清的内容并标注编号;进入现场考察项目情况,了解硬装设计基础,测量实际空间的尺度,并结合图纸对各个空间与细节进行拍照记录;收集硬装节点,绘制项目室内实际的平面图与立面图。

3.与客户进行探讨

通过对项目实际情况的了解,根据方案设计所涉及的成本造价、空间动线、功能需求、风格喜好、生活习惯、文化内涵、宗教禁忌等各个方面与客户进行沟通。

4.软装设计方案构思与提出概念方案

综合上述环节进行简单的平面布局,提出设计方案中的大致构成物料与设计亮点部分;根据客户的设计意向及设计师的主观引导,选择一些在设计形式感、造型结构、材料质感、色彩明暗、装饰图纹等方面一致的氛围图,进行有规律的排列组合,形成主题概念板。

5.签订或达成软装设计项目的合作意向

对客户进行设计理念的讲解,并听取客户对设计方向的反馈。在取得客户对项目设计的认可后，签订或达成软装设计项目的合作意向。

6. 完成整体软装设计方案

整体软装设计方案是在获得客户初步认可的基础上，完成各个功能间的软装物料布置，包括家具、灯饰、摆件、布艺、挂饰、地毯等各项软装元素的组合效果，以及控制产品预算；根据空间动线图完成每个区域的组合搭配，最后出具正式的整体软装设计方案。

7. 讲解整体软件设计方案

讲解整体软装设计方案是设计师对方案设计的表达，是一门非常讲究技巧的功课。为客户介绍软装设计方案时，既要系统全面，又要主次分明。在讨论过程中，应不断反馈客户的意见，以便对下一步方案进行归纳与调整。

8. 签订软装设计项目合同

与客户签订软装设计项目合同，以确定项目的设计效果、软装物料清单、项目报价、项目设计及施工周期等内容。

9. 进场前软装物料复查

项目经理对整个工程物料的数量与质量进行检查，软装设计师要在家具上漆之前亲自到工厂对家具的尺寸、材质、工艺等进行检查和把关，并确保所有软装家具与配饰完整。

10. 进场安装布置

家具、配饰等产品到达项目现场时，软装设计师应该亲自参与布置，对整个软装家具与配饰的组合要充分考虑各个元素之间的关系及客户的设计需求。如遇到突发情况或计划之外的不利因素，软装设计师应做到临危不乱，现场调节。

11. 客户验收及后续服务

客户的验收是项目完成的标志，也是工程尾款能否收齐的关键。后续的服务也是不可缺少的，软装配置完成后，软装设计师应对室内软装配饰进行回访跟踪，做好保修、维护等工作。

12. 拍摄存档

专业的摄影制作是记录每个项目非常重要的一部分，也是保存公司业绩的相关档案。

第四章　软装设计具体实践

一、软装设计具体流程

（一）平面布局设计

建筑室内平面图具体包括建筑的平面形式、大小尺寸、房间布置、建筑入口、门厅及楼梯布置等情况。同时，图中还详细标注了空间内墙、柱的位置、厚度和所用材料，以及门窗的类型、位置等情况。建筑室内平面图的主要图纸包括首层平面图、二层平面图、顶层平面图等。不同的设计项目所需的建造内容不同，平面图纸绘制的内容也各不相同。有的平面图所包括的内容较为简单，有的则比较复杂。必要时，还可分项绘出竖向布置图、管线综合布置图、绿化布置图等。

平面布局设计是项目具体设计的第一步，不同属性的空间在具体布局规划中所考虑的因素不同，设计原则也差异很大。涉及室内空间的六个面，应该保持空间的整体性、连贯性和通透性。通常，室内设计是在建筑设计之后进行的，其所能改动的空间结构相对有限。相比于建筑的空间，室内的空间较为狭小，对于各个区域的划分及运用需要更加精确、合理和人性化。在这里必须提到室内空间结构与人体工程学方面的尺度关系，两者的尺度决定了平面布局设计的效果。空间结构包含三个方面：室内的层高、开间和进深。①层高，现代高层建筑居室的层高一般不超过3米，需要通过吊顶的方式处理顶面层次的关系，利用高低落差的变化达到不同的视觉效果。因此，我们需要掌握好层高与人之间的关系，层高太矮，人会觉得压抑。吊顶部分如果没有层次感的变化，会显得很单调。吊顶太多会显得很烦琐。②开间与进深是相互依存的关系，两者的比例适当，空间便显得通透、宽敞、舒适。相反，如果比例关系不协调，就会导致整个空间关系的失衡。因此，我们在进行室内平面布局设计时，既要考虑空间本身的通风采光、空气对流、相互贯通且互不干扰，还要考虑具体用户在室内各个空间活动是否舒适，最终通过合理的平面布局引导人们进入一种积极、健康的生活环境。

以笔者主持设计的第五届中国非物质文化遗产博览会——广州美术学院传统工艺创新设计成果展为例进行分析（图4-1、图4-2）。广州美术学院传统工艺创新设计成果展的展区基本情况为：场地长30米、宽18.6米，右上角切了一个斜角，呈近似矩形，总面积接近500平方米。场中有一根直径为0.8米的柱子，另一根柱子紧挨着场地左侧边缘。场地右方和下方接近主人流通道，观众可以从下往上走。

展馆整体布局设计采用桁架搭建，形成若干个U形和H形展示区，最下方（主人流方向）是1号区域，为形象墙和视频演播区，其余2~8号区域包括本次展览展品的几大品类，如编织、刺绣、牛仔、南海、东莞创新设计项目、国家艺术基金项目、服务设计及其他。其中1号主形象区域的两块展板是形象区，前面不放展品，左侧展板租借一个宽3米、高2米的大型LED屏幕，滚动播放参展作品视频；右侧展板为形象墙装置设计，放置代表广州美术学院的GAFA符号。主体展墙的材质是包布（弹力布或者灯箱布，哑光），色彩为"白色＋广美红"或者"黑色＋广美红"，包布的双面总面积为700平方米。单片展墙高为4米，每个U形区域面积为36平方米。

整个展馆所用桁架总长度接近300米，有效展墙126米。按照目前40组作品计算，每组作品有3米的展墙。图文介绍展板80块，每块展板尺寸定为宽1米、高2米。展柜数量需在清点所有作品之后才能确定。

广州美术学院非遗展馆设计A-3

图4-1　第五届中国非物质文化遗产博览会——广州美术学院展馆（1）

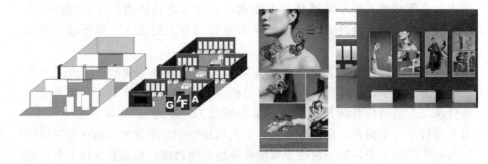

图 4-2 第五届中国非物质文化遗产博览会——广州美术学院展馆（2）

（二）功能空间设计

空间环境由具有不同使用功能的空间组合而成，而室内空间功能的设置是在基于具体使用要求的条件下合理划分每一个功能空间的活动区域并合理放置家居产品。在整体空间功能规划上，不仅要注意不同区域间的功能差异，还要协调好各个功能空间的联系与衔接，使每一个功能空间得到最合理的安置。根据不同的功能需求，如客厅作为家庭公共空间，更多考虑的是空间尺度感和视线广度；书房与写字台应安置在光线充足的位置；床应放在卧室安静、避风的位置。室内软装艺术设计中，陈设物的搭配将直接或间接影响室内空间的合理分割，也可以提高空间的利用率、灵活性和协调性。

下面以笔者主导的博士科技展厅概念设计方案与广州美术学院编织印染实验室的"染色"空间改造设计方案为案例进行具体分析。

博士科技展厅概念设计方案（图 4-3）基于企业五大主线（三明一暗＋博士科技历程）进行功能空间的设计，包含企业创新理念、方法论、资源、平台工具、案例等内容。根据访客关注点，通过遥控切换进行介绍。参观者进入展厅的目的是更精准地获取企业信息，这一点占据主导地位，即通过视觉刺激接收信息，同时也明确指出了参观者的动机和目的——"观看""体验""交流""休息"。空间材料以白色烤漆面板为主，搭配屏幕、发光材料等媒介，巧妙地运用方块元素进行拼接，并搭配一些金属材料，使空间呈现出银白色，具有一定的科技感而不显平庸（图 4-4）。展厅呈现目标：①展示博士科技建设成果及未来规划展望；②提高游客对博士科技的认识，让专业人员、大众和投资商了解博士科技；③展示博士科技区域形象和精神文化面貌。

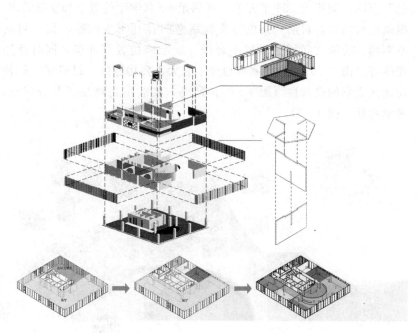

图 4-3　博士科技展厅概念设计方案（1）

图 4-4　博士科技展厅概念设计方案（2）

　　广州美术学院的编织印染实验室是一个专门用于教学和实践的场所，建于 2005 年 3 月，总面积为 748 平方米，共有五个独立空间。其中，"染色"空间，面积为234平方米，可满足60名学生的教学和实操需求。然而，根据调研结果，目前"染色"实验室空间存在不少问题，如空间动线规划不明确、功能空间用途设置不合理、展示墙位置靠外围，同时遮挡实验室光线等（图4-5）。为此重新划分了五大主要功能区，以确保实际使用过程功能区规划的合理性（图4-6）；此外，实验室还增加了部分储藏、晾晒、展示功能（图4-7）。

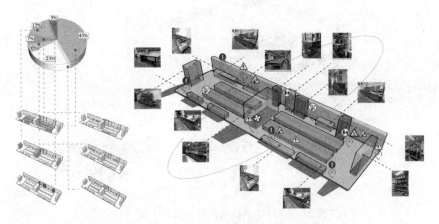

图4-5　广州美术学院编织印染实验室"染"空间改造设计（1）

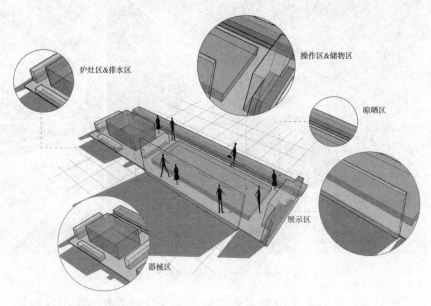

图4-6　广州美术学院编织印染实验室"染"空间改造设计（2）

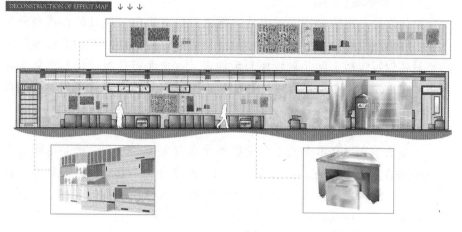

图 4-7 广州美术学院编织印染实验室"染"空间改造设计（3）

（三）装饰图纹设计

未来的设计趋势除了对材料工艺的研究越来越重视，不同装饰图纹的整体配套设计与运用也越来越重要。以新材料、新工艺所带来的新视觉装饰图案和基于传统装饰图案的不断翻新再设计为主。例如，传统装饰图案的创新设计并不是全盘继承或否定，而是对传统中国文化元素进行深入了解、认识、总结，进而提炼其精华部分，对当代科技工艺与审美需求进行重新创作与排列，最后结合具体项目的特点进行衍生性、创新性的运用。装饰图案的运用可以通过多角度、多层次、多方面的方式，将新的视觉元素融入室内软装设置中。传统装饰图案的创新性设计的具体方法可以从两个方面入手。一是"形"的提取与延伸发展，根据具体家居产品设计特点从传统装饰图案中寻找创作灵感，具体技法包括整理、提炼、雕琢、变形、重叠、组合等。二是"意"的表达与衍生创作，这是通过人类的五感——视觉、听觉、嗅觉、味觉、触觉衍生出来的"意"觉体验，是更加深层次的设计，也是笔者所强调的在室内软装设计中对装饰图案设计"意"的沿用。

（四）定制产品设计

整体空间软装艺术的定制设计及空间内软装各类产品的定制设计，逐渐成为高品质家居生活的一种体现。纵观整体软装设计的各个构成要素，不同风格与功能要求的家具造型与结构、不同产品的装饰手法与制作工艺、材料组合方式与材质选择、色彩搭配、尺寸设置等均可在一个预设好的整体设计思维下得到深度考量，最终呈现出来的家居配套产品与硬装设计完美配合。

（五）整体设计方案

整体设计方案阶段所需解决的问题是对概念阶段（项目的接洽与分析内容）和后期设计阶段（项目具体设计与表达内容）进行统一的梳理与编排。具体内容包括主题元素设计与延伸设计，平面布局图设计和色彩平面图设计，重点立面布局图设计，各个功能空间软装艺术设计，定制产品设计效果图和工艺制作图，分类软装物料表，完整方案的视觉系统设计。

（六）产品清单设置

产品清单在项目审批及项目验收中是非常关键的环节。产品清单的设置主要包括以下几个方面：平面示意图、产品分类汇总、家具、饰品、挂饰、地毯、灯饰、窗帘等；而每一个产品都应该标注清晰的编号、摆放位置、产品图片、尺寸、数量、单位、材质、价格等。

（七）软装设计"二次创作"实施

如果说好的设计方案是项目成功的前提，那么好的把控与实施能力就是项目成功的关键。为什么说方案实施是方案设计的第二次创作呢？从一个完整的项目进程来看，完成项目需要经历以下几个过程：项目对接、设计提案、设计方案、方案修改、方案实施。设计方案不是最终项目所需的内容，其表现形式无论是手绘效果图、软装物品示意图还是3D效果图，在制作过程中或多或少存在一定的装饰性或者虚拟性，比如产品搭配与真实摆放款式、色调、材料等的不一致。软装设计落地阶段要做好以下几个方面的工作：一是软装物料准备。在对甲方进行完整方案讲解并获得认可后，软装设计师应该对报价清单上所有的物品进行分类、分次采购或者加工定制。特别是非直接现货采购的物品（家具、装置、挂饰等），要在其出货前亲自前往工厂验货，对材质、工艺、尺寸等进行验收。二是软装物料摆场。当软装物料运到项目所在地时，软装设计师应提前准备好空置区域并指挥搬运人员对各类产品按空间或品类进行堆放。软装设计师也应亲自参与布置。如果遇到现场突发情况，应协同同事进行相应的补救，特别是遇到软装物品运输过程中损坏或者现场环境有变等问题。主案软装设计师应把握整个摆场的节奏与秩序，对于软装整体配饰的组合在现场中再次考虑各个构成元素之间的关系以及业主的生活习惯。三是甲方验收项目。软装配置完成后，应该对室内软装整体配饰进行清洁，将最好的状态展现给甲方。准备好相应的文件与甲方一同进行项目验收，并做好后期服务，包括回访跟踪、保修勘察及送修。四是摄影记录存档。在当前做好影像资料的保存是一个非常重要的环节，主要基于以下几个方面考虑：便于后续制作成册，用于公司过往案例介绍；便于公司官网或者公众号的推广宣传；便于参与各大重要设计大赛，提升公司形象与实力。

二、软装设计"解决方案"个案研究

（一）装饰图纹入境，造景室内整体软装

室内软装设计不仅是为了美观，还要满足用户需求及喜好，创造更完美的用户体验，让用户置身于作品之中时，可以真正地感受作品散发出来的艺术视觉张力和文化感染力。装饰图纹在产品设计中与造型同样重要且不可或缺，同时具有比造型更加多变的样式，包括器型上的装饰图纹（色彩、纹样、肌理）和器型之间形成的装饰图纹（轮廓、结构、组合）。我们所知的每个功能空间的整体软装设计，其实就是产品与产品之间的搭配关系。产品自身质量的好坏与产品之间的协调关系是影响整体软装艺术效果的关键。如果仅仅从市场上"拿来主义"式地进行搭配设计，最终所拼凑出来的空间也只能是形式上的美，不能很好地体现目标用户的审美喜好或商业项目独特的标识性。因此，装饰图纹作为设计的切入点，与空间、家具、饰品相结合进行搭配设计非常有效。

入境其实就是设计的出发点。将装饰图纹作为设计的起点，设计并延伸至整体软装设计的每个部分，必然经历以下几个步骤。其一，选取。装饰图纹来源于软装项目的客观背景，而背景中包含很多具体、不同范畴的信息，确定具体装饰图纹的核心来源是需要分析研究的。其二，提炼。这个环节主要是确定基本形及延伸纹样的系列化设计搭配。传统的元素如果直接复刻到产品中，将很难适合大部分现代人的审美需求，因此，经典的元素（形体、色彩、质感）、意象的元素（格调、味道）是需要提炼的。其三，延伸。图纹的延伸是运用之前很重要的一步，提炼出精准的单元形不可能像一些低层次设计一样进行随意贴标，如一些酒店将 Logo 标识直接复刻到餐具上，来表示酒店餐具的独特性。设计师应该根据不同的器形或设计需求将单元形二次组合、变形延展为各类纹样。这样的二次设计延伸了图纹的宽度，表面上模糊了核心图纹的视觉表现力，但是可以使纹样的深层渗透力更加耐人寻味。

（二）基于岭南传统装饰图案的室内软装艺术设计研究

装饰图案的表现与发展紧密地联系着社会现状、经济发展、文化水平，也是在这三者的历史大背景下产生、发展和扬弃的。装饰图案不同的艺术表现形式及装饰特点反映着不同历史时期、民族和国家的特征。其发展演变过程除了具有区域独特的装饰性，通常还会因为商业的互通、文化的交流、技艺的流传带来一定的共通性，并且随着交流的加深而趋于一致。技艺的交流对装饰文化与图案的发展影响巨大，也直接或间接地反映了当时社会生产力水平。岭南装饰不仅有传统手工艺的痕迹，还有工业化的时代烙印，同时吸收了西方文化在特殊时期产生的租界风格，使其整个装饰风格独树一帜。岭南文化具有深厚的历史与文化内涵，能够在特定的空间环境中展现其文化属性。

1. 营造情感氛围

商业酒店的主题设计主要通过环境的艺术表现力和人在空间使用过程中产生的情感体验与诉求来确定的。寻找并把握目标顾客的内在情感需求，需要明确酒店的经营定位和地域文化内涵。选题"红色记忆"的整体软装设计方案（图4-8、图4-9）是基于海南岛的第一个苏维埃政权——陵水县苏维埃政府的历史背景而展开的，集合了苏维埃政府发行的钱币、革命时期特有的文化产物——红色娘子军宣传画、红军服饰、革命旧址、革命用品等独特装饰性元素。希望通过这些与陵水革命相关的物件，打造一个富有红色记忆的主题酒店空间。

2. 提升视觉享受

上述革命时期的文化产物或独特的革命元素都极具历史性，在保留其"意"觉体验的基础上，通过各种现代创新手法提升现代人审美标准中的视觉享受。设计方案具体体现在包括红色袖带式的沙发结构、历史题材故事板隔断、利用不同明度和纯度织物软包的革命旧址元素主题装饰墙、简化提炼后的冲锋号样式台灯、革命旗帜图案的纺织品配套设计等。

主题内容：红色记忆   元素提炼：

图4-8 红色革命主题酒店软装设计（1）

图片来源：刘启城、曹银静、罗秋凉、陈诗雅图案元素提炼与设计：　　　　　　　　　　　空间搭配效果：

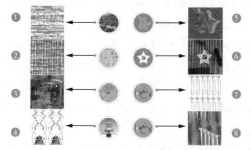

图 4-9　红色革命主题酒店软装设计（2）

图片来源：刘启城、曹银静、罗秋凉、陈诗雅

（三）近现代历史建筑空间再生的软装艺术设计研究

建筑及建筑空间形态本体不仅形式上给人带来丰富的感官印象，更重要的是建筑有着独特深层的内在灵魂，而越是历史悠久的建筑及空间形态，越能彰显其深厚的文化内涵与悠久的历史印迹。中国近现代建筑设计是在一个复杂、动荡的历史时期发展起来的，这个过程造就了中国近现代建筑风格及空间形态语境构建的模糊性和角色的多重性。当今对近现代历史建筑及空间的再生设计被赋予了新的历史使命，对近现代历史建筑及空间形态的艺术研究和科学方法论探索变得尤为重要。

1. 近现代历史建筑空间再生的研究对象和时间界定

历史建筑是城市历史和文化的载体，它们延续了城市文脉，是城市发展的见证。如何准确地对中国历史建筑进行研究及对不同时期发展历程进行合理的界定，正成为一个非常重要的研究课题，这关系到精准地分析建筑历史内涵、传承价值及空间再生的商业价值、艺术价值。近现代的中国是一个动荡、变革的社会，在经历多次的入侵、革命及制度的更替后，近现代以来的中国建筑风格、空间形态以至于中国建筑思想、意识模式在不确定性、模糊性和审美角度的多重性中曲折发展，使得近现代中国建筑在不同时期呈现出风格迥异的特点。面对历史建筑及空间的再生设计问题，清晰地对不同时期历史建筑的存在与发展进行合理的解析是十分重要的，而准确的时间界定无疑成了一个关键的线索。笔者通过翻阅大量关于建筑历史、设计文本和资料的特点，并对其中关键信息进行对比研究，最终得出一个相对统一的划分。近现代中国建筑设计的发展可以大致划分为三个阶段。第一个阶段为：1840—1949 年，外敌入侵与国内动荡时期，在外来意识形态的强烈侵蚀干扰下，形成了西方现代建筑空间思想与国内传统空间设计体系融合的殖民建筑设计文化；第二阶段为：1949—1976 年的新中国时期，外来文化的多样性在内部归属感不确定性等环境下，国内出现了大量不同意识形态的市政建筑、公共建筑、私人官邸、工厂等；第三阶段为：1977年至今，中国的现代建筑思想逐步觉醒，同时，后现代主义、国际主义等开始流入中国，中国建筑和空间设计走向多元化、多样化的时期。不同时期的历史建筑所承载的历史文化价值有所不同，对历史建筑空间再生的研究也要区别对待。应以历史文化价值为主导，结合现代商业经济价值为参考，进行近现代历史建筑及空间再生的分类，可以有以下三种不同的形式：完全复原历史建筑的历史形态特征与内部使用功能及艺术价值；保留建筑外部形态特征，再造内部空间的使用功能与艺术价值；保留历史建筑主体结构，再造建筑外部形态特征与内部空间的功能。

2. 近现代历史建筑空间再生的研究意义

纵观近现代历史建筑的再生现状，无论是公共建筑遗产、私人官邸，还是旧工厂的再生设计，大多停留在表面化、模式化的手法上。要么是简单地恢复历史建筑及空间的原始状态，要么是进行粗暴的混搭主义风格装饰。这些问题客观存在于我们的身边，造成这一状况的背景比较复杂，原因也是多方面的。但隐藏在背后更为深层的原因是中国对自己历史建筑文化内涵与艺术语境的构建没有形成充分的理解与共识。孙淼在《中国艺术博物馆空间形态研究》一书中指出：空间形态所面临的最重要的问题是文化内涵的缺失，而这种缺失具体表现在现代建筑空间与传统文化的割裂。总体来讲，关于近现代历史建筑空间再生的艺术研究具有学术和实践的双重意义。从建筑及空间学角度来看，公共建筑遗产、私人官邸、旧工厂等每个对象都是特殊的，准确来讲是唯一的。每一个建筑的艺术特征和空间功能各有特色，如果对建筑没有一个相对准确的认识和理解，那么在建筑及空间的再生设计上形式将趋同化，或是趋于对新技术、新潮流的追求而忽视了对建筑本身艺术价值的延续。从历史文化传承角度来看，历史建筑总是承载着深厚的文化内涵和民族情感，具有深厚的本土文化，给人带来民族归属感。对近现代历史建筑资料的梳理和对国内近现代历史建筑现状的批判及成功案例的深入剖析而形成的相应的理论体系，对于中国未来近现代历史建筑的再生设计具有实际指导意义。

3. 近现代历史建筑空间再生的设计优势

前文提到对近现代历史建筑及空间再生设计可以从三种不同形式切入，其中完全复原历史建筑及空间功能的类型更多地涉及其他材料的内容，本书将不作叙述。而关于保留建筑外部形态特征，再造内部空间的使用功能与艺术价值和仅保留历史建筑主体结构再造建筑外部形态特征及内部空间功能这两种类型的研究是本文的重点。

（1）文化情感方面

建筑所蕴含的深刻文化内涵及历史情感，是区分中西方历史建筑在艺术形态上异同的关键。在世界文化趋同性越来越明显的今天，中国的当代建筑和空间形态设计对异质因素的吸收、对西方文化观念的借鉴，使得当下的中国城市风貌越来越缺乏"中国味"，这无疑是中华民族艺术性格表达上的巨大损失。无论是新的"中国建筑"还是再生设计的"传统历史建筑"实践，如果仅停留在对"中国元素"形式上的理解，以重构原理或折中主义的态度来构建，最终结果只会是形式主义美学的"中国建筑"。近现代历史建筑可以说是近现代城市文化底蕴的集中表现，无论是历史建筑本身还是其内部空间形态所折射出的民族文化及情感特征，均充分记录着民族时代变迁下人们的生活状态和物用价值。历史建筑及其空间形态有着先天深厚的文化价值优势，对历史建筑或内部空间进行妥善的保护与科学的更新，不但可以延续建筑本身的历史风貌和文化魅力，还可以使其适应新时代的功能需求及再生后的新社会价值。因此，中国近现代历史建筑具有比当代建筑更强的民族文化和情感内涵优势。

（2）历史价值方面

不同历史时期的建筑或室内陈设在某种程度上反映了当时当地社会发展的背景，设计与建造也饱含着丰富的社会变革洗礼。特别是建筑的室内空间设计，其中包含的各种空间布局、结构形态、家具样式、装饰摆件等特征为当下研究近现代国内社会经济、民众日常生活、风俗习惯提供了实在的来源。不同时期的历史建筑具有它不可替代的历史价值，也为文化基因的转译与探索提供了依据，逐渐剥离表象符号，转向内在关系的思考层面。

（3）社会经济方面

近代中国在否定传统建筑使用价值的同时，肯定了其观赏价值。对西方建筑结构技术和中国传统建筑形式的肯定，决定了近代中国建筑中西结合的手法。如果仅仅从"外观因素"来探讨新的"中国建筑价值"，那么将不可避免地存在一种内在的矛盾。在充分认识近现代历史建筑的文化价值、艺术价值、经济价值的基础上，发挥传统建筑本身的艺术表现力、深层情感记忆、民族文化认同感，对近现代历史建筑的合理再生设计不仅可以带动城市基础设施和城市风貌的改善，还可以活化历史建筑的独特生命力，提升老城区、旧社区的经济效益，如上海新天地、广州红砖厂、阿丽拉阳朔糖舍酒店的设计等。

4. 近现代历史建筑空间再生的设计策略

面对当今中国建筑与空间设计在民族哲学观念、文化传统、艺术气质、性格趣味等方面逐渐模糊化、角色具有多重性的趋势，中国近现代历史建筑的再生也不可避免地沦为由水泥、钢筋、玻璃、石材、砂等建筑材料堆砌的"容器"。近现代历史建筑的再生设计所面临的问题不单单是建筑或空间设计的表象，更应该多关注中国传统建筑中所包含的大量可继承的优秀遗产，包括强调整体观念、注重人与自然的和谐、善于与地域文化融合等深层次的内涵。因此，重视在今天如何继承及演化这些优秀遗产，才是近现代历史建筑再生设计最重要的课题。除此之外，中国传统建筑还注重群体组合布局、外部结构与周边环境的独特艺术、内部形态与人的行为的巧妙融合、独特的色彩运用及精妙的装饰艺术处理，均达到了深远的艺术境界。对于近现代历史建筑空间再生的设计，笔者将从三个不同的层面进行探索研究。

第一个层面：记录与叙述真实的历史本身。

历史的一端反映的是过去，另一端连接的是当下与未来，而且历史总是在不断地发展与演变中真实地记录着每个阶段的客观事实。中国的近现代历史建筑及空间形态也在不同的历史背景和多重角色中演变与发展，一方面接受着民族本土思想，另一方面不断受到西方建筑概念的影响。历史又是容易被神化、扭曲、遗忘的。以严谨的学术态度梳理近现代历史建筑建造的起因、发展、历史转变，同时对历史建筑本体设计背后的历史价值、文化内涵、装饰风格、空间话语等内容做出真实的记录与叙述变得相当重要。建立一个近现代历史建筑发展的线性架构，以时间轴作为节点梳理近现代中国出现的重要建筑设计、建筑师代表及重大历史事件。最终目的是便于对比同类型建筑在不同历史时期的建筑功能特征与艺术演绎，以及不同类型建筑在同一时期的建造结构与装饰风格的异同。

第二个层面：建立多元、立体、丰富的数据库。

建筑是有生命的，历史建筑在新的文化形式下可以演绎出多元的、立体的、丰富的艺术形态。所谓"历史建筑再生设计"，主要是反映社会发展中，人们生活状态的改变及社会科技水平的提高，对历史建筑外部结构与内部形态的修缮。与第一个层面记录与叙述真实历史本身不同，第二个层面的明确目的是用系统的手法整理多元、立体的数据库。其一，形式的转变。形式的转变可以说是最直接的表现，是用视觉化的手法概括形式演变的过程。以最具中国传统生活哲学形态之一的"良善图景"元素为例，新的视觉需求与审美选择下植物图案（梅、兰、竹、菊）、动物图案（龙凤、麒麟、虎)、吉祥图案("万"字、"寿"字)等,均在传统中式风格的基础上进行了新形式中国风格的处理,融入更多直线条及简约弧线造型。其二,功能的变化。不同时代有着不同的生活方式和功能要求,历史建筑在今天最大的改变就是功能的置换。历史建筑原本作为个人住宅或市政建筑,在现代被改造成以商业为主的门面、酒店、餐厅等。建立历史建筑功能置换数据库,加强对历史建筑功能转变的合理引导。其三,材料的更新。新材料是科学技术的产物,同时也具有自身时代的文化属性。在历史建筑的再生设计中,新型材料的植入是不可避免的,合理地运用新材料的物理属性、化学属性对历史建筑进行修复非常重要,而新材料的植入能延续历史建筑原本的文化内涵、艺术品位则是关键。因此,建立历史建筑修复新材料工艺特性与艺术特征数据库对未来近现代历史建筑的再生设计具有重要的指导意义。

第三个层面:思维提升与文化创新演绎。

每一个历史建筑再生无论是修复还是再造设计,在新时代环境里建筑的文化与艺术表现力已不同于从前。"新"装饰与建筑丰富的历史和文化积淀将产生新的场域、视觉、文化体验,而这种体验可以是当下的,也可以是历史文化跨时空的交叉反映。国家的大力号召及国民精神生活需求的增加,对民族物质文化遗产与非物质文化遗产的创新演绎提出了更高的要求。下面是笔者对两个基于民族文化元素的创新设计案例进行具体阐述。

其一,《舞·忆》佛山醒狮文化馆概念设计,整个空间设计以佛山醒狮文化作为切入,通过提取醒狮的动态、造型、纹理、色彩等视觉符号元素进行创新设计,进而运用现代室内空间的设计手法将提炼的新装饰元素延伸到空间"硬装饰"(天花板、墙面、地面)与"软装饰"(家具、灯具、饰品、地毯、布艺等)中,让进入文化馆的人能够感受到醒狮浓郁的文化气息及现代化新颖演绎(图 4-10、图 4-11)。

图 4-10　《舞·忆》佛山醒狮文化馆概念(局部)(1)

图片来源:曹可佩、刘安邦

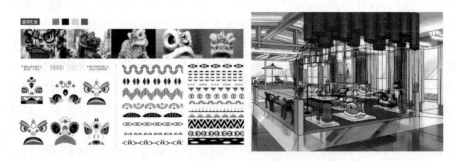

图 4-11 　《舞·忆》佛山醒狮文化馆概念（局部）（2）
图片来源：曹可佩、刘安邦

　　其二，《北京胡同》酒店套房软装概念设计（图 4-12），在保留北京胡同传统元素和色彩的基础上，以"抽象化"作为主要设计手法，通过定制家具、饰品、布艺的搭配，实现室内空间新的审美品位和场景意境，同时也重塑了北京胡同在新时代的新生活气息与空间韵味。

图 4-12 　《北京胡同》酒店套房软装概念设计（局部）
图片来源：李金涛

　　上述三个不同层面的阐述，对近现代历史建筑内部空间再生设计进行了简单的分层探讨和示例。无论是夯实历史材料本身，还是建立多元、立体、丰富的数据库，或者在本原基础上都应文化创新演绎，最终都应回归到对近现代历史建筑及其形态文化语境的再生研究。这需要深入研究其原生造型、符号、工艺、材料、色彩等细分构成元素。通过认识、梳理、提炼，再到逐步对历史建筑内部空间创新再生进行多种形式和不同方向的探索。

　　历史的发展总是牵引着现代生产、生活方式的改变，近年来中华民族文化自信的提高使得传统文化的价值被提升到了一个更高的位置。新时代人们对空间环境需求在不断变化，因此，对历史建筑再生的问题不仅要从基础认识上注重传承传统文化，也要对建筑及空间新功能要求、新形式表现、新文化转变、新艺术审美倾向等内容不断提出新要求。当前，我们对近现代历史建筑及空间形态再生设计的研究还在初级阶段，后续更系统的研究需要多方的探讨与合作。面对近现代历史建筑的时代独特性、背景复杂性、文化延续性问题，建筑及空间的再生设计必须在严谨、严格、严肃的基础上做好真实历史事实的记录，并搭建多元、立体、丰富的数据库，以更好地提升对历史文化的理解及进行文化创新演绎。

（四）抒怀传统与符号重现：叙事性纤维艺术在公共空间的设计研究

纤维艺术起源于西方古老的壁毯艺术，在发展与演变中融入了传统纺织文化、纺织科技、当代艺术理念等，呈现百卉千葩的繁荣景象。可以说，纤维艺术是既有传统文化背景又有新价值使命的艺术门类。根据《教育部关于公布 2020 年度普通高等学校本科专业备案和审批结果的通知》，2021年纤维艺术被列入普通高等学校本科专业目录的新专业名单。就目前行业发展情况来看，纯粹形式主义的纤维艺术作品正在大量地被设计，但仅以视觉装饰标准及空间审美为考量的纤维艺术的植入更多地停留在空间环境设计的表象上，与空间环境意境、属性、文化脉络的呼应是缺失的。纤维艺术作为空间装饰设计的重要组成，何为纤维艺术及如何融入真正空间环境当中不能仅仅停留在传统的认识上。

1. 功能、传播：纤维艺术在空间设计中的叙事性表现

随着时代的发展，人们对纤维艺术的解读也在不断更新迭代。纤维艺术从西方古老的手工艺、装饰性壁毯，到产业化、功能性纺织艺术品，再到艺术家追求独特观念的装置艺术。时至今日，纤维艺术经历了由传统文化到现代文化的传承、交融和演化的过程，其形态逐渐多元化，艺术风格越发多样化，材料选择不断综合化，慢慢奠定了现代纤维艺术的基础。林乐成教授提出：纤维艺术既是创造物质形态，又是表达精神内涵，纤维艺术作品在软化建筑空间，协调人与自然、人与社会、人与人的关系中起到重要的作用。传统文化、经典事迹、前沿技术需要更多元、更深层的艺术作品来记录、呈现、传播，以提升所在场域的文化脉络和功能价值。在此背景下，对纤维艺术提出新认识及更细分的研究尤为重要。

近年来，关于"叙事性"的研究已不再局限于文学领域，在众多艺术及设计学者中也掀起了"叙事研究热"。龙迪勇在《空间叙事学》（2015）中指出，空间叙事研究是对叙事形态空间性的探索，以及对所叙故事和意义的挖掘与阐释。方英在《绘制空间性：空间叙事与空间批评》中指出，空间叙事可被看作一种叙事模式，即以空间秩序为主导，以空间逻辑统辖作品，以空间或空间性作为叙事的重心。高春凤在《叙事性表达视角下乡

村公共文化空间的构建路径》中提道，运用叙事的媒介、手段与策略，借助物质与非物质要素，将公共空间的人文信息及其语境呈现出来，在人与场所、场所与场所之间建构稳定的、可持续发展的和谐关系。王小茉在《迷沙·叙事——马泉的跨媒体设计研究》中指出叙事的价值意义，与文学叙事注重说者创造的"虚拟世界"和读者"真实世界"的联系不同，现代艺术中的叙事通过打破现实中的固有认识、强化陌生感，从而激发观众的想象力。从上述个案研究可见，叙事性艺术作品强调与所在环境构建的空间秩序、空间逻辑，其表现的艺术形式在呈现人文信息、艺术语境、启发创造等方面对所叙事的故事与意义有很好的阐释与拓新。

2. 纤维艺术在公共空间设计发展中的瓶颈与解决策略

自20世纪上半叶以来，纤维艺术在不同国家、不同民族、不同文化交融的大背景下，艺术家创作出各种材料、各种形态、各种风格的纤维艺术作品，就作品本身而言是空间进步的，突破了传统纤维艺术固有样式的束缚。但随着近年来国内空间设计行业的同质化，形式主义越来越严重，室内设计、家具设计、艺术品设计等随着所谓流行大趋势的引导，在不同地域、不同文化、不同功能空间进行模式化的搭建。纤维艺术品虽然作为构建空间环境的一部分，但是从其被陈设的空间环境来看，纤维艺术作品往往被置于一种孤立的、剥离的装置艺术状态，与所在环境所传达的人文信息、艺术语境产生差异。就不同空间所指向的商业属性、公益属性、文化属性、历史属性等方面而言，空间环境的多重价值营造首先被确定为主导位置，纤维艺术创作与空间环境设计的关系则须清晰，作为空间陈设的点睛之笔，其在空间中发挥不可或缺的功能和艺术价值。同时，在这样的大前提下，纤维艺术作为空间环境中人文信息、艺术语境的重要担当，亟须强化其创作来源、内容表达、艺术呈现的合理性与准确性。而叙事性作为纤维艺术创作的一种手法，有严谨的文学逻辑规范来统辖作品，为人与场所、场所与空间建构起平衡的关系。

3. 成功案例与思维拓展

图4-13为两件纤维艺术作品。图4-13（左）是日本纤维艺术家盐田千春于2017年为乐蓬马歇百货公司（Le Bon Marché）公共空间设计的纤维艺术装置——"我们将去往何方？"（Where are we going?），基于中庭空间尺度、色调、材质进行整体思考，并对其商业空间的视觉装饰性、艺术性与深层人文精神进行了深入探讨。盐田千春以儿时回忆为叙事背景，用白色线材与多艘帆船错综复杂地编织表达出海旅行时感受到的未知与期盼、恐惧的复杂情绪。每一艘船都是一个完整的独立个体，形态虽不完全一致，

但它们都指向同一个方向，给予历史建筑空间与顾客前进能力和对未来希望的隐喻。整个作品为商业空间的艺术营造与文化构建作出了很好的诠释。图4-13（右）是林乐成在2016年为会宁红军长征胜利纪念馆创作的《长征诗情》，诠释了红军走过的艰难及伟大历程。红军翻过的一座座山、踏过的一条条河的画面，通过栩栩如生或抽象写意的艺术处理方式，在经纬编织中立体地呈现，用一种史诗般的叙事性纤维艺术来表达。《长征诗情》作品与纪念馆雕塑、物件、图像共同演绎红军走过的艰难和伟大历程。纤维艺术创作题材的选择与意境营造是内核，叙事作为媒介、手段、策略，表达的内容与表现的方式则成为关键。过往的案例给予了当下更多思考的参照，在时间、空间流变与工艺、技术迭代的今天，纤维艺术创作是否需要更多地关注人与历史、人与社会、人与未来的变化关系值得思考。而经典符号的重新叙事、本土新生文化的叙事、新价值需求的叙事均成为当今纤维艺术创作不可回避的问题。

（左）Where are we going?　　　　　（右）《长征诗情》

图4-13　纤维艺术作品

图片来源：（左）盐田千春、（右）林乐成

4. 形态、场域：叙事性纤维艺术流变的创新思维

空间场域的尺度、形态、属性中提炼的语境为叙事性纤维艺术作品提供了创作词汇，而叙事性纤维艺术作品的转喻与隐喻表达又是对空间场域内容的拓展。从公共空间叙事性纤维艺术的组织架构来看，可以分为四个构成环节：叙事者、叙事空间、叙事作品、体验者。这四者的相互关系是构成叙事性纤维艺术作品与空间环境营造价值的关键所在。而随着时间、空间、技术、需求的转变，叙事性纤维艺术也会发生变化。这种变化建立在一定目的和依据的前提下。在这个新的设计范式要求下，公共空间叙事性纤维艺术创作将呈现出不同层面的创新维度。

（1）时间与空间转变的创新维度

从纵向来看，时间是流逝的，今天会成为明天的过往，当下的事件也将成为未来的历史；从横向来看，同一时间的不同地点，平行地发生着不同事件。而从大历史观的角度，过往的时间将由一些大事件深度串联而成，也随即成为所在空间场域的历史印迹。当然，空间也在人的需求不断变化中，被赋予不同的价值属性。在公共空间叙事性纤维艺术的创新设计路径上，需要清楚时间与空间的转变对具体创作产生的影响。其一，要综合考虑自身空间环境的文化历史、功能用途、视觉形态等因素构建的框架与逻辑关系；其二，要从深度的时间模式提炼真实、有价值的数据为平面的空间模式创新提供依据；其三，明确人、纤维艺术、空间环境三者既是独立又是融合的关系，其所构成的空间艺术性、功能性、归属感等为正确导向问题。正如周宪在《20世纪西方美学》中对时间与空间的解释中提道，在现代主义的时间（历史）—空间形态中，人们具有很明确的位置感和认同感，强调空间的不同用途和形态，关注空间的个性与功能。

（2）材料与技术迭代的创新维度

纤维艺术包含对传统工艺、材料、技术和形态的认知，作品选择的材料与制作方式与之吻合才能归入纤维艺术的范畴。当然，现在的纤维艺术作品已经大大拓展了原有的材料、工艺和形态，更多的新样式作品被划入纤维艺术的类别中。但是，如何与当下的实验艺术、新媒体艺术，或者作为装置艺术的一个细分类别作区分，则需要作出更为清晰的界定。因此，如何将纤维艺术的叙事性创作表达好，在工艺与技术创新上是有界限的，并不是任何新工艺与技术都能称为创新。其一，探寻与新材料相融合的工艺技术。把握好新型材料的物理和装饰特性，做到"因材施教"，才能让纤维艺术作品的创意和艺术表现力完美地呈现出来。新型材料的大量出现，迫使纤维艺术家去探索与新材料相匹配的工艺技术手段，只有这样才能表现新理念，实现艺术创新。其二，革新纤维艺术的旧理念和旧形式。纤维艺术起源于西方古老的壁毯艺术，是一种趋于平面化、表面装饰性的艺术形态。现在，纤维艺术更多向悬浮式、组合式、软雕塑等立体化表达发展，未来的发展更多会延伸到空间中，成为空间构筑的一部分，不仅起到空间装饰的作用，还将成为与主体结构融合的关键设计。整体发展经历将呈现"平面式—立体化—空间感"的进阶式演变。

（3）题材与符号更新的创新维度

中国的纤维艺术创作在题材与符号的创新上有着深厚的根基和丰富的资源，同时也是叙事性表达最直观的创作来源。为更好地掌控叙事的节奏，纤维艺术创作在题材与符号创新上强调与空间环境视觉装饰融合和情境引导的价值作用；同时，从被设计对象身上提炼创作语境，为题材与符号更新提供逻辑依据。而在公共空间中，纤维艺术作品常常被视为空间环境中的"点睛"之笔,题材与符号在创新上被置于更加关键的位置。其一,强调宏大叙事与个人叙事的共生,以历史重大题材、风格宏伟的事件作为创作背景,以个人的情感艺术表达为具体创作手段,将叙事从个体思维层面上升到社会价值层面。其二,强调人文叙事与技术叙事的融合,叙事情节与场所空间相互叠加、编织、融合,在地形塑造与形态组织中,加强景观叙事载体的符号化处理,以"情境代入"与"主题述说"的方式,使景观空间的体验者共同参与对叙事主题的意义诠释,提升场所空间的文化品质。其三,强调装饰叙事与功能叙事的互补,突破传统纤维艺术主导装饰性价值的作用,用装饰美学的方式将纤维艺术设计介入空间实用功能中,如空间中的引导指示、区域隔断、照明吊顶等。

(4)本土价值感主张的创新维度

本土价值感主张的创新是对民族情境、特殊历史价值意义的引导和感染,是由于公共空间的情境营造越来越受到关注而引发的。其主要包括社会期望的情境营造、社会沟通的情境营造及本地文化的情境营造。本土价值感主张的创新除了通过新美学的方式将传统本土题材、元素、观念等排列、组合、简化、变异,达到耳目一新的感觉,还应该遵循一定的价值导向。其一,本土价值溯源的准确性创新,以准确的文本溯源澄清相关"价值"的误解和偏颇的观点,以此获得对历史渊源、话语继承的客观正确认识。其二,本土化、在地化精确性创新,在当下很多标榜本土价值创新的纤维艺术作品中时常出现张冠李戴的例子,材料的跨界、工艺的跨界、设计手法的多重融合下容易达到"形"的协调,但"意"却难经得起深究。其三,与空间功能、属性导向的一致性创新,纤维艺术在情境的塑造中应充分考虑空间的因素,用叙事性的手法通过明示、暗示的方式强调空间的功能、价值。在当代公共空间纤维艺术的实践活动中,想象的情境和象征的暗含情境可能是其发挥功能的主要方式。

5.转化、赋能:公共空间的纤维艺术"叙事性设计"呈现

综上所述,公共空间的纤维艺术创作在时间与空间、材料与技术、题材与符号、本土价值观演变下,叙事性创新存在多重设计维度。单从纤维艺术本身来谈,叙事性设计形式要素与文字叙事要素作为主体来关注人物、场景、情节的不同,纤维艺术作品更多地关注形态、材质、肌理、色彩、光影、动态效果呈现出来的意境。公共空间中的纤维艺术则需要考虑其在空间中转化、提升的问题。因此,公共空间中的纤维艺术创作应该形成相对应的设计路径,包括:设定与空间创作一致的叙事题材;设定与空间节奏相适应的叙事层次;设定与整体空间相适应的叙事形态;设定与空间属

性一致的叙事价值，目的是与空间整体设计理念一致。换句话说，"纤维艺术"与"公共空间"在题材选择、视觉导向的层次、空间形态的倡导这三个维度上可以被看作是"局部"与"整体"的相互构筑关系。下文将从两个具体的公共空间纤维艺术"叙事性设计"的实践展开探讨。

（1）以老广州城市图像演化的纤维艺术在公共空间中的设计为例

《迭变》纤维艺术作品是以广州城市变迁展览空间课题研究为背景开展的艺术创作（图 4-14 至图 4-16），其以老广州城市图像演化为创作题材，以时间与空间的转变、材料与技术的迭代创新为设计主线。将传统纤维艺术中的绗缝工艺创作手法与现代多媒体技术融合，以广州 20 世纪 50—60 年代较为简陋的青砖瓦房、80—90 年代较为普及的民居及当代现代感十足的高楼大厦等建筑为设计元素，向观众叙述社会变迁的面貌。作品由静态纤维艺术作品和动态交互影像两部分组成。静态部分是采用绗缝工艺制作的城市图像轮廓浮雕形态的纤维艺术品，整体画面呈现抽象的城市面貌俯瞰地形图；动态部分是采用多媒体手段制作的从抽象到具象的建筑影像，配合红外感应器捕捉并跟随观众移动位置，投射相应的动画影像。希望通过模糊的神秘感勾起观众的好奇心，当观众产生兴趣而在作品前驻足时，从作品的一端走向另一端，领略城市发展的迭变过程。

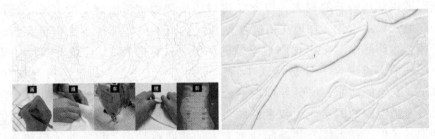

图 4-14　《迭变》作品 01 静态纤维艺术部分制作

图片来源：谭芷雯

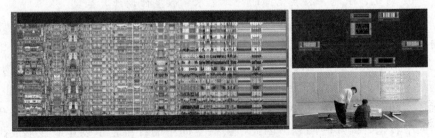

图 4-15　《迭变》作品 02 动态媒体图像部分制作

图片来源：谭芷雯

图 4-16　《迭变》作品 03 迭变作品呈现效果

图片来源：谭芷雯

（2）以潮汕单丛茶事劳动图式化的纤维艺术在空间中的设计为例

茶叶因种植和生产因素的不同，导致不同地区、不同品种的茶事劳动有很大区别。对茶叶品种、加工工艺及其背后故事的了解与否直接影响到消费者品茶的体验。特别是在消费话语权逐渐年轻化的大环境下，传统茶文化与年轻群体缺乏良好的沟通和对话，年轻群体对传统茶文化知之甚少。相应地，能够在年轻市场上真正传达优秀茶文化的艺术作品也非常匮乏。

《茶忙》纤维艺术作品的创作以潮汕地区单丛茶在一年中发生的茶事劳动为调研与图形绘制的对象，其目的是通过茶叶背后的茶事劳动行为传递潮汕单丛茶特殊的文化内涵。从选题和最终呈现的艺术效果来看，该作品重点在题材与符号、本土价值观主张方面进行创新探索。前期对潮汕地区单丛茶在不同月份茶事劳动的调研发现，单丛茶的茶事劳动相对稳定。比如，3 月以采摘、晒青、凉青为主；4 月以做青、杀青、揉捻为主；5 月以烘焙、复焙为主；6 月以退火、包装入库、售卖为主；7 月以施肥、灌溉为主；10 月以营养芽休止期、修枝管理为主；12 月以除草、修理茶沟、深翻泥土、采茶籽为主（图 4-17）。基于对年轻群体喜好的洞察，以传统茶文化中茶农茶事劳动元素为切入点，把茶农与茶事劳动过程相关的具象形态提炼成具有装饰意味的视觉符号并进行纤维材料创作。图案基础原型的设计主要围绕潮汕地区单丛茶每个月份的茶叶形态、劳动行为、劳作工具、茶山环境、潮汕建筑、月份字符等进行装饰性刻画（图 4-18）。制作方面结合现代时尚的纤维艺术创作手法（毛毡工艺），为传统的茶文化附属产品注入新的活力。

《茶忙》作为新式茶馆空间纤维艺术装饰画及延伸产品设计（图 4-19），在其中发挥了装饰叙事与功能叙事的作用，突破了传统装饰画仅具装饰性价值的局限。通过装饰美学的方式，将叙事性纤维艺术设计融入空间的实用功能中，吸引年轻群体对作品内在符号解读的兴趣，从而在时代更替中让消费者了解潮汕地区单丛茶的匠心精神和匠人情怀，展现中华茶文化的深厚底蕴和无穷魅力。

图 4 - 17　杨程菲《茶忙》（1）

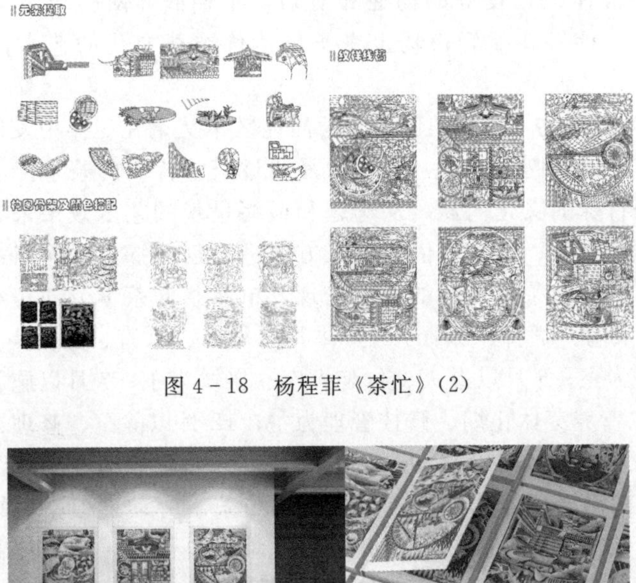

图 4 - 18　杨程菲《茶忙》（2）

图 4 - 19　杨程菲《茶忙》（3）

第五章　软装设计方案赏析

不同的空间范畴对软装设计的需求有明显的差异，不同的用户对空间软装的需求不同。同样，不同的产品供应商对其产品整体软装陈设的艺术表达也存在不同的导向。

一、院校学生校企合作案例与设计方案

（一）院校学生校企合作案例

院校学生校企合作案例广东玉兰墙纸产品如图 5-1 至图 5-5 所示。

图 5-1　广东玉兰墙纸产品（1）

图 5-2　广东玉兰墙纸产品（2）

图 5 - 3 广东玉兰墙纸产品（3）

图 5-4　广东玉兰墙纸产品（4）

图 5-5 广东玉兰墙纸产品（5）

（二）院校学生设计方案

院校学生设计的壁云山社、邮轮客房、蓝咖啡厅、茶餐厅、中餐厅、旧厂房空间改造软装设计方案如图5-6至图5-11所示。

图5-6　壁云山社

图 5-7 邮轮客房

室内空间规划

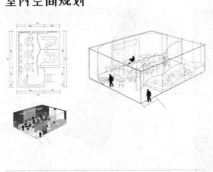

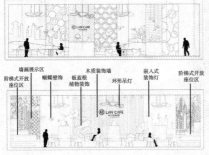

墙画展示区　　　木质装饰墙

阶梯式开放　蝴蝶壁饰　板蓝根　环形吊灯　嵌入式　阶梯式开放
座位区　　　　　　植物装饰　　　　　装饰灯　　座位区

图 5-8　蓝咖啡厅

图 5-9　茶餐厅

图 5-10　中餐厅

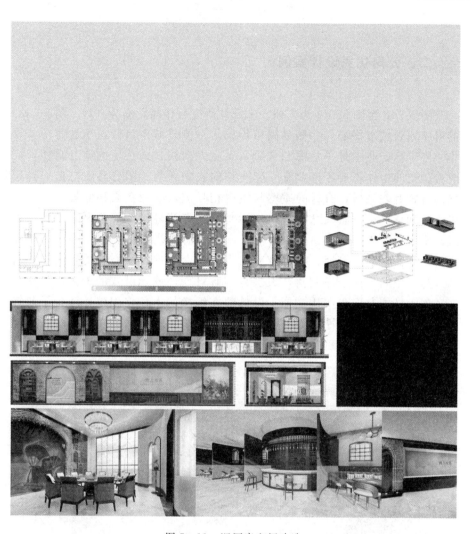

图 5-11　旧厂房空间改造

二、公司优秀设计案例

图 5-12 至图 5-14 为广州 301 设计研究所作品。作品（1）（图 5-12）的房屋地处城市中心，一侧是闹市街景，一侧是城市公园，享受着一半繁华一半宁静。业主是一对海归夫妻，女主人向往日式住宅的质朴自然，同时希望空间柜体不要零碎，有一套完整的收纳系统。阳台意在打造一种宁静的日式庭院风格，石材的质感与室内相呼应，屋主在柔和的灯光下品酒聊天，独享这个自然气息与现代生活交汇的专属港湾。玄关摒弃了传统模式，采用了"地台＋玄关柜"的模式，流畅的曲线柔化了整个空间。将原本的户外阳台整体打通，将自然光引入室内，一进门就能感受到满满的自然气息。空间整体干净利落，大多是具有可变性或隐藏式的柜体，电视柜兼备展示功能与防尘实用功能。设计师在纯净的木色空间中，减少了装饰性的干扰，"一轮明月"位于空间中央，方中带圆，光影之中点缀一株植物，布局的素雅与木质的温润给人一种宁静温馨的感觉。

图 5-12　广州 301 设计研究所作品（1）

改造思路：①将原本的玻璃房景观阳台打通，引入阳光，将下沉式空间抬高，从空间上扩宽视野、丰富空间层次，同时开放式玄关方便主人坐在地台处换鞋。②拆除公共卫生间的部分墙体，缩短过道进深，改变两个房间门的朝向，使空间更加宽敞，同时将洗手盆外置，更方便家庭生活使用。③结合屋主实际情况，舍弃原本次卧卫生间，将该空间合并到主卧，变为衣帽间，从而扩大主卧空间及收纳空间。④将原传统主卧改造成抬高的榻榻米式，通过灯光氛围营造，更加舒适，同时满足未来亲子睡眠需求。⑤将原本次卧去掉卫生间后，改造为多功能室，集电影、娱乐、茶道、居住功能于一体。⑥原传统功能客厅，结合收纳扩大局部空间，未来作为小孩玩乐区域。⑦将原传统功能阳台打造成静谧的现代、日式小庭院。⑧把原后勤区改造成集微型工人房、洗衣房、收纳间为一体的空间。

作品（2）（图5-13）的业主是一对实现财富自由和职业自由的夫妻。他们看过世界，阅历无数，回到家乡定居后，出于文化自信，希望将岭南文化融入自己的家中，并将传统美学与现代潮流元素结合。在空间规划上，提取传统中式院落住宅格局的趣味性，步入玄关来到客厅，一进一落，模糊了功能空间之间若有若无的界限。在软装上，新材料、新构成与文化重组而形成的冲突感，给人意想不到的体验。

图5-13　广州301设计研究所作品（2）

作品（3）（图5-14）的房屋在设计时追求更加质朴纯粹的调性，在空间配色中局部以深色凸显木的温润，将原木质感发挥到极致。定格任意一隅，皆是生动的取景框。设计师借框取景，重新梳理内外关系，在家中打造一方院景——"宅中有院"，融入光、石、木、竹等元素，营造出细腻隽永的气质。空间尽量以深色与木色为主，尽可能地对线条与体块进行简化，整个空间无形中形成一种舒适而克制的平衡。空间的点缀在精而不在多，用简单的笔触传达现代沉静风的岁月感，寂寥而不繁盛，拥抱自然与时光留下的痕迹。

图 5-14　广州 301 设计研究所作品（3）

图 5-15 至图 5-24 为广州观致装饰设计有限公司作品。作品（1）（图 5-15）为了诠释"现代东方"自然写意、雅韵的特点，使用实木、棉麻布艺、天然大理石、金属等跨越古今的材质铺叙东方气质的空间美学层次。主人房里以简约的元素表现东方风格的古朴大方，将奢华嵌入软装的细节之中。极具中式特色的对称灯具悬挂于床头两侧，没有过多的装饰与色彩，映射出设计师对中式美学的丝丝情怀。

图 5-15　广州观致装饰设计有限公司作品（1）

中山，古代被习称香山，因当地多"神仙花卉"而享有美名。作品（2）（图5-16）基于中山的"人文香气"及商农并驱的海洋文化，对南洋与西洋融合的空间美学进行呈现。

图5-16　广州观致装饰设计有限公司作品（2）

作品（3）（图5-17）根据业主一家人的共同爱好，从"一只猫"的故事开始诠释，女主人公读书、工作、结婚……，猫咪一直陪伴在她左右。

图5-17　广州观致装饰设计有限公司作品（3）

整个室内空间运用无印良品风格，注重表现自然、素材的质地和使用的舒适。方案设计根据猫的习性及人体工程学，演绎人与宠物共处的温馨。客厅引用了大量猫咪元素摆设，电视柜一侧根据猫咪走动的习性，特别增添了猫窝功能，加之暖色调的应用，让空间变得温暖热烈，适合约聚好友，暂离繁忙日常，欢娱撸猫。家具采用L形沙发和圆形懒人沙发的组合，既考虑了功能性，又增加了主人对于空间的合理舒适度。原木材质的家具不忘预留猫咪小憩的地方，壁画中抽象的猫咪主题，餐桌上疏影横斜的瓶盏，自然质朴，在浓淡相宜的雅致中，愈增清新与活力。设计开放的餐厅区，将烟火气中的自然元素融入其中，将客厅和餐厅相结合，避免占用空间，小猫咪优雅地躺在其中，形成弹性开放的流动线。主卧开阔舒缓，低饱和度的米灰色营造出温馨轻松的氛围。

海域的辽阔、西洋的开放、岭南的文雅，为中山这座毗邻港澳的近海城市增添了深厚的人文光浑和浓郁的民俗风情。生活在这里的人，性情淳朴中也有旷达的心境，追求现代前卫的同时亦不忘传承。在作品（4）（图5-18）中，设计师充分运用了地域理念，在提取历史记忆的同时，也能挖掘未来化的个性符号。气氛柔雅的洽谈区将人的感受收拢回来，赭石色单人座椅、布艺沙发搭配岩石肌理画，背景盛开的繁花和岩石装点空间四周，浓淡相宜，流溢出灵动意韵、雅淡气质，丰富了空间予人的内在情绪体验。诗意幻境的儿童区，造梦继续，错落有致的白色互动装置球体，轻盈的光线将石粉悬浮在玻璃内部。整排书柜与儿童桌椅相映成趣。

图 5-18　广州观致装饰设计有限公司作品（4）

作品（5）（图 5-19）的房屋位于天津。"雅致"是当代社会追求的一种状态，设计师要打造的不单纯是一个社交场所，还应具有东方艺术气质；也不单只是表象的形象，还应寄托着人的情感脉络，使人能真正体验到极致状态下的共鸣，互动中蕴含着能量的艺术体验空间。空间基调极具视觉张力和仪式感，用过去的记忆碎片和定制的艺术品装置作为背景，看起来像一幅画，描绘了城市的变化。作品中精心布置了 7 万块由碳氧化合物钢制成的碎片，以现代技术手法展现城市传统建筑的原始外观。明朗奢华的色彩搭配，使一种现代摩登与东方并存的意趣体验迎面而来，营造出沉稳而不失奢华的交谈空间，人们可以在这里享受一段休闲的交谈时光。休憩与洽谈区以柔和明朗的直线条铺陈出现代与通透感，引入的大量光照彰显出自然张力，伴随翩跹鱼涌，缔造出温馨惬意的沟通与联结。

本案设计作品（5）至（9）（图 5-19 至图 5-23）对软装进行了大胆的尝试，设计通过融合玻璃、皮质和胡桃木等不同属性的材质，沿着参观动线将空间划分为不同主题的小空间，使整个空间彰显与众不同的现代艺术调性。提取城市水之神韵，呈现此地的山水自然；纳入古老的舞狮文化，将历史底蕴娓娓道来；以现代手法构建创意游廊，给予人新的生活体验。设计师利用空间中大理石的细腻和玻璃的反射效果，将整个洽谈区映照出波光粼粼的样子。

图 5-19　广州观致装饰设计有限公司作品（5）

图 5-20　广州观致装饰设计有限公司作品（6）

图 5-21　广州观致装饰设计有限公司作品（7）

图 5-22 广州观致装饰设计有限公司作品（8）

图 5-23 广州观致装饰设计有限公司作品（9）

东方精神与意式浪漫的独特气质相互交融，成为中山招商禹洲·云鼎府下叠项目的设计灵感。在作品（10）（图 5-24）中，广州观致装饰设计公司从生活的本质出发，以新中式的设计语言结合意式匠艺，将东方雅致与意式简奢复刻于空间中，传达着人们对生活品质与奢华的理解。餐厅大面积的中性色调、大理石肌理的温润细腻与意式的浪漫风格趣味相融。凝固的艺术装置、流动的光线设置，动静之间，石材、金属、纤维、光影交相辉映，营造出温馨雅致的独特氛围。

图 5-24　广州观致装饰设计有限公司作品（10）

第六章　作品赏析

作品赏析如图 6-1 至图 6-6 所示。

图 6-1　"凤厨宫宴"中式茶餐厅

图 6-2 "亲呀呀"精致智慧托育

图 6-3　"馨尚妈咪"月子中心

图 6 - 4 "御江台 1 号"

图 6-5　"深圳湾云端豪宅"

图 6-6 "陌上栖山庭"上叠民宿

参 考 文 献

［1］孙隆基．中国文化的深层结构［M］．北京：中信出版社，2015．

［2］闵晶．中国现代建筑"空间"话语历史研究：20世纪20—80年代［M］．北京：中国建筑工业出版社，2016．

［3］乔国玲．室内软装设计［M］．上海：上海人民出版社，2017．

［4］霍康，林绮芬．软装布艺设计［M］．南京：江苏凤凰科学技术出版社，2017．

［5］李泽厚．华夏美学·美学四讲［M］．北京：生活·读书·新知三联书店，2008．

［6］彭一刚．建筑空间组合论［M］．3版．北京：中国建筑工业出版社，2008．

［7］戴力农．设计调研［M］．2版．北京：电子工业出版社，2008．

［8］萧默．建筑的意境［M］．北京：中华书局，2014．

［9］朱淳．中外室内设计史［M］．济南：山东美术出版社，2017．

［10］刘曦卉．设计管理［M］．北京：北京大学出版社，2015．

［11］贺万里．中国当代装置艺术史［M］．上海：上海书画出版社，2008．

［12］佐藤大，川上典李子．由内向外看世界：佐藤大的思考和行动术［M］．邓超，译．北京：北京时代华文书局，2015．

［13］佐藤大．佐藤大：用设计解决问题［M］．邓超，译．北京：北京时代华文书局，2015．

［14］李宗桂．时代精神与文化强省：广东文化建设探讨［M］．广州：花城出版社，2012．

［15］陆元鼎．岭南人文·性格·建筑［M］．2版．北京：中国建筑工业出版社，2015．

［16］周峰．岭南文化集萃地［M］．广州：广东人民出版社，2016．

［17］岳华，马怡红．建筑设计入门［M］．上海：上海交通大学出版社，2014.

［18］王仁垒，陈振益．传统元素的提取及其在新中式家具设计中的应用研究［J］．家具与室内装饰，2021（2）：18-20.

［19］周志．因人、因地、因需：包装设计中审美策略的差异化分析［J］．装饰，2018（2）：12-18.

［20］杜瑞泽．因地而设计："在地化设计"刍议［J］．美术观察，2015（1）：16-17.

［21］胡展鸿．岭南建筑创作研究与实践探索［M］．北京：中国建筑工业出版社，2015.

［22］薛颖．近代岭南建筑装饰研究［M］．广州：华南理工大学出版社，2017.

［23］林乐成，王凯．纤维艺术［M］．上海：上海画报出版社，2006.

［24］龙迪勇．空间叙事学［M］．北京：生活·读书·新知三联书店，2015.

［25］孙淼．中国艺术博物馆空间形态研究［M］．北京：文化艺术出版社，2011.

［26］赖德霖．中国近代建筑史研究［M］．北京：清华大学出版社，2007.

［27］王怀宇．历史建筑的再生空间［M］．太原：山西人民出版社，2011.

后　记

　　广州美术学院历经多年的设计专业细分化，在二级学院领导下形成了针对不同研究方向的设计系、教研中心、研究所，学生在具体专业方向的学习中能够专注于精细方向的知识体系。在当前市场产业结构的变革和发展趋势下，设计的问题变得越来越复杂、综合化，设计专业之间的界限也已经变得模糊。室内设计、产品设计、视觉传达设计等专业在设计教学上越来越强调科技与艺术的融合，需要利用更多元化和创新的思维，在教学手段、科技手段、社会政策等方向拓展更能适应及引领市场发展的综合型人才。在此大背景下，本书作者对自己近几年从事教学与实践的成果进行梳理，把自己所提炼出来的一些软装设计的知识点和经验与大家分享，同时也希望能够与设计教育界的前辈及设计专业的学生进行更多的交流。

　　本书的出版，得到了合肥工业大学出版社的大力支持与帮助。

　　此外，本书的出版得到了广州美术学院工业设计学院和武汉理工大学艺术与设计学院相关领导和老师的支持，同时也感谢为本书提供丰富案例的企业、个人。感谢所有参考文献的作者，他们的研究成果为本书提供了大量理论支撑。由于本书编写时间有限，书中难免存在许多不尽如人意之处，恳请有关专家、学者和同行给予批评指正，谢谢。

余月坡

2024 年 7 月